ATM

自助设备
业务发展与管理

胡文辉 / 著

中国人民大学出版社

· 北京 ·

前　言

　　2017 年 6 月 27 日，英国巴克莱银行隆重纪念了首台 ATM 机（自动柜员机）诞生 50 周年。正如 2009 年美联储前主席保罗·沃尔克（Paul Volcker）在一次访谈中提到的，ATM 机是过去几十年中最伟大的金融创新，没有哪项金融创新会像 ATM 机这样对个人有重要意义。经过近 50 年的发展，截至 2016 年全球范围内 ATM 机保有量已达 340 万台[①]。根据央行发布的《2016年支付体系运行总体情况》，截至 2016 年末，中国境内的全国联网 ATM 设备数量也已达 92.4 万台，成为全球最主要的设备布放增长地区。除传统 ATM 设备外，中国的各商业银行近年来还发起了以智能终端设备投放为标志的新一轮网点智能化转型，ATM 机及各类自助设备已成为各商业银行重要的金融服务渠道，各类服务创新不断出现，越来越直接而深刻地影响着银行的服务形式，乃至整个银行网点渠道的建设及运营管理模式。

　　ATM 自助设备管理涉及设备规划、选址投放、使用管理、产品功能建设、运营保障、外部欺诈防范、内部操作风险及反洗钱风险管理、声誉风险控制等各个方面，是商业银行最早建立的电子服务渠道。为推动 ATM 自助渠道的有序发展，各商业银行普遍设置了专门的组织机构或人员进行管理，并且建立了多个关联部门分工协同的管理机制，但目前这个领域全面性、系统性、精细化的研究和论述还较少。在长期实践的基础上，进行较为全面的

---

　　① 2017 年我国金融自助设备行业市场交易规模分析．［2017 - 09 - 18］．http：//www.chyxx.com/industry/201708/552106.html.

总结概括，形成 ATM 自助设备的完整业务管理体系，对各银行更好开展渠道建设、推进网点转型具有较为普遍的参考意义。尤其对于中小银行，全面了解分析大型银行的相关策略，结合自身特点，选择最为适宜的自助渠道建设和发展方式，也具有一定的借鉴价值。

当前人工智能已上升为国家战略，十九大报告中，更从贯彻新发展理念，建设现代化经济体系的高度，提出加快"推动互联网、大数据、人工智能和实体经济深度融合"等具体要求。随着移动互联、人工智能、大数据、云计算等新技术快速发展并应用，ATM 自助设备与银行网点一样，高歌猛进的发展时代已经结束。退潮中的策略研究与发展规划更加考验银行 ATM 自助设备及业务管理领域人员的专业能力，也具有更加重要的意义。

与国外相比，中国社会正在经历传统支付走向电子商务、现金及卡基电子货币走向无卡基电子货币、数字密码认证走向生物认证的超车式发展，中国客户的行为模式变化以及由此带动的银行服务领域变化均走在了世界前列。这些都导致我们已很难再像前些年一样，以"拿来主义"的方式学习国外先进发展经验，采取跟随策略找到未来中国 ATM 自助渠道业务的发展模式和方向，因此着眼自身问题和发展需要进行系统化分析与研究，现阶段对于中国的银行来讲尤为必要。

本书作为 ATM 自助业务的阶段性研究结果，可以供银行专业管理人员参考；也可为 ATM 软硬件开发制造人员了解银行客户需要、未来规划提供一个阅读视角；还可以作为感兴趣的普通读者了解商业银行 ATM 自助业务基本知识的介绍性读物，以使其更好享受银行所提供的便捷服务，保护好自身权益和安全。但受限于笔者知识水平、时间与实践，本书的内容及逻辑性尚有待完善，观点不可避免存在错漏之处，还望各位专家、前辈和广大读者批评指正。

目 录

第一章 | **ATM 自助设备的历史演进** /1

第一节　国外 ATM 机起源及发展 /3

第二节　ATM 自助设备在中国的发展历程 /6

第三节　现阶段 ATM 自助设备价值分析 /12

第二章 | **ATM 设备的选址布放** /13

第一节　关于 ATM 设备选址的合理性 /15

第二节　现有 ATM 设备选址方法及局限性 /17

第三节　优化 ATM 设备选址方法探析 /19

第四节　移动支付发展的影响分析 /21

第三章 | **ATM 自助设备的功能产品建设** /27

第一节　自助设备功能产品规划的重要性 /29

第二节　功能产品规划与设备策略 /30

第三节　ATM 现金设备产品建设方向 /34

第四节　非现金自助设备产品建设方向 /38

第五节　设备退出策略 /45

第四章 | 网点发展与服务销售流程管理 /51

第一节 网点发展与转型 /53

第二节 网点的两次关键转型与自助设备升级 /57

第三节 网点服务销售流程与客户体验管理 /62

第四节 网点厅堂布局设计 /71

第五章 | ATM 设备的现金管理及清算 /79

第一节 ATM 设备的现金与柜台现金管理的差异 /81

第二节 ATM 设备的现金管理模式 /82

第三节 ATM 设备的外围系统现金管理方案实例 /84

第六章 | ATM 设备的业务操作风险控制 /101

第一节 操作风险识别与分析 /103

第二节 ATM 设备的钥匙、密码风险防控 /104

第三节 吞没卡风险防控 /113

第四节 ATM 设备的现金风险防控 /120

第五节 ATM 设备的现金长短款及待清算资金风险
防控/126

第七章 | ATM 设备的外部欺诈及信息安全风险防控 /131

第一节 硬件改装型欺诈 /133

第二节 现金调包型欺诈 /135

第八章 | ATM 设备的运营成本效率管理 /139

第一节 降低 ATM 设备运营成本的方法 /141

第二节 ATM 设备的运营指标管理 /149

参考文献 /151

后记 /154

第一章

ATM 自助设备的历史演进

第一节 国外 ATM 机起源及发展

一、ATM 机的诞生

早在 1939 年，卢瑟·西米扬（Luther Simjian）就发明设计了 ATM 机的雏形机，使客户能存入支票和现金。至 20 世纪 60 年代初，他成功说服了纽约市的第一国立城市银行（First National City Bank）［即现在的花旗银行（Citibank）］试用这种机器，但使用者寥寥。他后来沮丧地写道："当时，只有少数妓女和赌棍愿意使用这种机器，因为他们不想与柜台营业员面对面，所以在街角黑暗的掩盖中偷偷摸摸使用这种机器。"

1967 年是动荡的一年，在这一年里以色列用六天闪电战改变了整个中东局势；美国阿波罗 1 号火箭发射爆炸，三名宇航员遇难；而一个英国男人的美丽爱情催生了一台真正可以随时取到现金的奇妙机器。

这个男人就是约翰·谢泼德-巴伦（John Shepherd Barron），他出生于印度新德里，在那里与妻子卡罗琳因巧克力相遇并成了好朋友。1938 年巴伦随父母回到英国，于 1948 年与卡罗琳在英国重逢并相爱结婚。1965 年春天的一个周末，卡罗琳因去蛋糕店取巴伦的生日蛋糕而受冻发起了高烧。巴伦交完医疗费后，匆匆去街上买妻子爱吃的巧克力，才发现身上已经没有现金了。望着街上的巧克力自动售货机，巴伦想：为什么不弄一台可以随时取到现金的机器呢？他的想法得到了巴克莱银行（Barclays Bank）的赞赏，于是，以自动售货机原理制作的第一台 ATM 机由此诞生，并于 1967 年 6 月 27 日安装在巴克莱这家伦敦最古老银行的恩菲尔德分行外墙上。而巴伦，也因此项发明在 2005 年跻身"新年荣誉名单"，被授予了一枚英帝国勋章。

这时的 ATM 机虽然基本成型，但只能取款，而且不与银行主机相连。提取现金用的是一张印着凹凸记号的指令牌，而每张指令牌的取款金额均有"出厂设定"，比如一张指令牌上印着十英镑，塞进机器后就只能吐出十英镑，没有其他金额的选择。这种脱机的使用模式，使得银行只会选择很少数有良好信用记录的客户开通本行 ATM 机的使用权限，因为最早的指令牌——十英镑在当时已是巨款了。

1968 年，一家名叫邓科特尔（Docutel）的自动化包裹处理公司的产品规划主管唐·韦策尔（Don Wetzel），一天在银行排队等候兑现支票，队伍很长，进展缓慢，眼看着整个午餐时间就要被一点点耗光，他越来越恼火，突然一个念头从他脑海中闪过。"对啊！营业员的工作不就是兑现支票、收取存款、回答'我的账户上还有多少钱'这种问题、把钱从一个账户划到另一个账户吗？为什么我们不能搞出一台机器来做这些事？"韦策尔和他的工程师们得到了邓科特尔公司的 400 万美元资金，如愿搞出了那台机器。1973 年，邓科特尔公司申请了 ATM 机的专利。新机器与旧机器之间的一个非常重要的差别就是，客户可以使用带有磁条的卡片进行交易，而且在交易结束后，磁条片还能循环使用！磁条卡的使用成了打开 ATM 业务大门的钥匙。

1969 年，纽约化学银行（Chemical Bank）的一个广告拉开了这场革命的序幕："我行将在 9 月 2 日早晨 9 点开门后永不关门！"而 10 年后的一场暴风雪带来了 ATM 业务的真正繁荣。1978 年 1 月，暴风雪席卷纽约，整个城市平均积雪深达 40 厘米，交通一片狼藉，银行与店铺纷纷关门停业。巧的是在此之前，看好 ATM 机商机的花旗银行掌门人沃尔特·瑞斯通（Walter Wriston）刚刚完成他 1.6 亿美元让花旗银行 ATM 机覆盖纽约的投入布局。没过几天，纽约市开始播放一则广告，内容是纽约市民在大雪中艰难行进，来到花旗银行的 ATM 机前，随后广告打出一条标语："花旗从不休息"。ATM 机的便利与效率使得花旗银行借助天时地利成为最大赢家，暴风雪后，花旗银行的 ATM 机使用率增加了 20％，到 1981 年该行在纽约的存款占有率翻了一番。此时美国银行业才发现，这台机器和由此而来的小小卡片，是他们抓住客户的制胜关键：所有人都喜欢能随时随地把自己的现金攥在手上的感觉。沃尔特·瑞斯通讲道："我们遭到了很多攻击。当时许多广告都说：'我们的柜台营业员是笑容可掬的年轻女士，她们可以清楚地记得您的姓名。为什么还要用冰冷无情的 ATM 机呢？'答案是，如果晚上七点半你准备去看场电影，口袋里却一分钱都没有，此时你便会喜欢上'冰冷无情'的 ATM 机了。"沃尔特·瑞斯通也因其在银行业的创新获得了美国向公民颁发的最高荣誉——总统自由勋章。

二、主要发展状况

联网联合带来突破性发展。起初，ATM 网络专属于单个银行。后来，不同银行的 ATM 联入同一网络，逐渐形成共享网络。这样，客户就可以使用网络中所有银行的 ATM 机，而不仅限于发卡行。在美国，共享 ATM 网络在 20 世纪 70 年代初初步形成，70 年代中期开始飞速发展。1985 年，纽约化学银行等 7 家金融机构为对抗花旗银行在 ATM 业务市场的垄断地位，共同组建了一个名为"纽约现金交易所"的网络，将它们的 800 台 ATM 机实行联网。此后，全美国出现了数百个类似的地区性网络，随着地区网络的影响力不断增强，形成了磁条卡应用的行业标准。"世界走上了另一条道路。"沃尔特·瑞斯通说。

盈利转型促进爆发式增长。1996 年 4 月，维萨（Visa）和万事达（MasterCard）两大国际银行卡组织宣布取消不准对客户收取附加费的长期禁令，这成了 ATM 业务发展的一道分水岭。ATM 业务不再仅仅是银行为顾客提供的一项便利，它成了真正能盈利的业务。独立经营商蜂拥进入 ATM 市场，它们开始在全美各地的便利店里安装 ATM 机，全美 ATM 机总量在随后 4 年内翻了近一番。

多年高速发展后进入逐步衰减阶段。1996 年至 2010 年期间，全球 ATM 机保有量基本保持了每年 10％～15％ 的快速增长。之后，全球 ATM 机保有量增长率开始逐年下降。最初在西欧、北美等发达地区，ATM 机保有量呈现出饱和态势，尤其金融危机后多家银行分支机构的破产、兼并等原因，ATM 设备安装数量明显下降，增长率显著低于全球 ATM 设备安装数量的平均水平。新兴市场的强劲需求成为近年来全球 ATM 机增长的主要驱动力，2010 年后，全球近三分之二的 ATM 设备数量增长来自亚太地区，而亚太地区的增长超过一半来自中国。另外两个增速较快的国家是印度和印度尼西亚，占亚太地区新增数量的四分之一。2016 年末，全球 ATM 设备总量达到 330 万台。而总部位于英国伦敦的零售银行研究公司（Retail Banking Research，RBR）最新发布研究数据显示，2018 年全球 ATM 机数量首次出现下降，总量降至 324 万台。同时该公司预计，未来 6 年，全球银行的 ATM 设备总量仍将继续下降 6％。

第二节　ATM 自助设备在中国的发展历程

一、ATM 设备及自助服务模式的引入

　　ATM 设备随改革开放后银行卡的出现走入中国，银行传统的人工柜台服务模式首次被突破。改革开放之初的 1983 年，中国银行与国家外汇管理总局分设，中国银行成为国家外汇外贸专业银行。中国银行珠海分行于 1985 年成功发行了中国内地第一张人民币信用卡——中银卡。1987 年，中国银行珠海分行又引进布放了中国内地的第一台 ATM 机（如图 1－1 所示），首家配套发行了第一版 ATM 提款卡长城提款卡（如图 1－2 所示），并根据 ATM 机的英文名称 Automatic Teller Machine 将这样的设备直译为自动柜员机，该名称应用至今。这台 ATM 机虽然只能支持本行提款卡的取款，功能十分简单，但打破了原来存取款必须到银行柜台办理的传统，开始了我们金融生活的一次"革命"。1996 年，中国银行上海市分行在虹桥开发区设立了中国内地的第一家自助银行，真正开启了内地银行的全天候服务。

图 1－1　中国银行珠海分行投放的内地首台 ATM 机

　　注：图片由本书作者胡文辉于 2018 年 9 月拍摄。

图1-2 1987年，中国银行发行的内地第一版ATM提款卡

资料来源：http：//www.boc.cn/aboutboc/ab.5/200811/t2008 1119 _ 11892.html.

二、ATM业务在中国发展的主要特点

（一）银行卡联网通用工程进入发展快车道

1993年，国务院启动了"金卡工程"，大力推动全国统一的银行卡业务规范和标准的制定，推进全国统一的银行卡跨行转接网络建设，使得国内银行卡市场规模迅速扩大。同期，各银行开始配套规模化布放ATM机，但仍仅支持本行交易受理。2002年，中国银联股份有限公司正式成立，通过统一标准的银行卡跨行交易系统建设，最终确定了全国联网联合技术规范并强制执行，实现了我国银行卡交换处理的大集中，以及全国商业银行银行卡处理系统的互联。ATM机服务功能的快速发展，也带来了可观的异地及跨行交易手续费，并逐渐成了商业银行业务收入的重要组成部分，大大鼓舞了大型国有商业银行的设备投放热情。

（二）随中国制造业崛起，国产品牌主导市场

ATM设备引入中国初期，大部分被国外品牌垄断。初期由于技术缺乏，国内各大银行不得不高价向国外厂商采购进口设备，美国安迅（NCR）、美国迪堡（Diebold）、德国德利多富（Wincor）等三家国际主流ATM设备制造公司，迅速占据国内ATM机销售的大部分市场份额，多数国内厂商仅仅提供部分配件及维修保养服务。随着以广州广电运通为代表的国内制造厂商逐步掌握了ATM设备关键验钞模块制造的核心技术，国产设备发展势不可当。设备国产化程度

的提高，带动设备价格不断跳水，银行购置成本大幅度下降，投放量急剧增加。至 2016 年，中国 ATM 行业统计数据显示，各国产品牌厂商已占据国内约 75% 的市场销售份额，日系、欧美系等国外品牌国内市场份额仅占约 25%，并有进一步下滑趋势。一些在华业绩急转直下的外资 ATM 企业，自 2015 年起纷纷与国内企业成立合资公司，例如美国迪堡与浪潮、日本日立（Hitachi）与中电、德国德利多富与航天信息、日本冲电气（OKI）与神州信息，但这种合资合作方式效果甚微，市场份额依然呈下滑趋势[①]。

（三）随社会流通现金量规模迅速扩大，各银行 ATM 设备布放规模快速扩张

改革开放后，中国经济腾飞，社会流通中的现金（纸币）增长量巨大。根据中国人民银行公布数据，中国流通中现金总量 2017 年已高达 7.06 万亿元，自 2010 年起，几年间累计增长幅度达到 64.5%[②]。人民收入及消费水平的快速提高，带动了现金存取款需求的持续旺盛，各银行 ATM 保有量规模也呈快速扩张趋势。如图 1－3 所示，前瞻产业研究院发布相关统计数据，2010 年我国 ATM 设备市场保有量为 27.1 万台，随后以每年递增 20% 左右的规模快速扩张，2015 年陡增到 86.67 万台后[③]，扩张速度才有所放缓，至 2017 年底全国 ATM 设备保有量达到 96.06 万台[④]。

（四）近年各银行采购投放放缓，国有大型商业银行率先削减设备总量

据统计，2016 年，我国各大国有商业银行、全国性中小股份制银行、城市及农村商业银行、农村信用社等各金融机构采购 ATM 机约 10.3 万台，较 2015 年采购的 12.1 万台减少 14.9%。其中全国农信系统 2016 年的采购份额仍保持增长态势，2016 年净增 3.4 万台，增长 11%，全国性股份银行和城市商业银行

---

① 严箴. 稳健发展 智慧升级：2016 年中国 ATM 市场述评. [2017－03－29]. http：//www. financialnews. com. cn/kj/jiju/201703/t20170321＿114635. html.

② 刘贵生，司晓玲. 现金的价值与生命力. [2018－04－18]. http：//finance. sina. com. cn/coverstory/2018－02－23/doc－ifyrswmv2747456. shtml.

③ 吴小燕. ATM 保有量持续攀升 中国成全球最大的 ATM 销售市场. [2017－11－10]. https：//www. qianzhan. com/analyst/detail/220/161110－ee5c52f6. html.

④ 葛倩. 2018 年自助服务终端行业市场现状与发展趋势 ATM 保有量不断上升，广运恒通占据主流. [2019－06－09]. https：//www. qianzhan. com/analyst/detail/220/190417－38776aa4. htm.

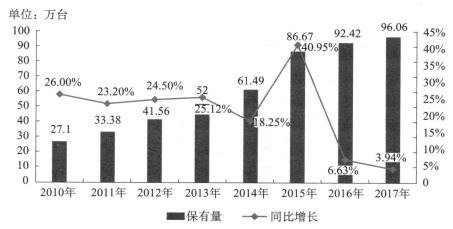

图 1-3　2010—2017 年中国 ATM 设备保有量走势

资料来源：徐烁 . 2018 年自助服务终端行业市场现状与发展趋势 ATM 保有量不断上升，广运恒通占据主流 .［2019 - 05 - 09］. https：//www. qianzhan. com/analyst/detail/220/190417-38776aa4. htm；吴小燕 . ATM 保有量持续攀升 中国成全球最大的 ATM 销售市场 .［2018 - 03 - 19］. https：//www. qianzhan. com/analyst/detail/220/161110-ee5c52f6. html.

自助设备保有量也有显著增加①。但是，如表 1 - 1 所示，长期作为 ATM 机市场采购主力的大型国有商业银行新增采购量却在普遍收缩，中国农业银行、中国建设银行、中国工商银行、中国银行四大国有商业银行的 ATM 设备总保有量从 2015 年起逐年削减，已从 2015 年末的近 36 万台减少至 2018 年末的 32 万台，率先呈现整体性下降趋势。后续如该趋势进一步向其他银行蔓延，各银行逐年大幅度削减新设备采购量的同时，以往年度大规模采购设备逐步老化报废后拆除不再更换，全国 ATM 机市场保有量将逐渐达到饱和并呈现下降趋势。

表 1 - 1　2015—2018 年四大国有商业银行 ATM 机保有量

单位：台

年份	2015 年	2016 年	2017 年	2018 年
中国农业银行	122 800	129 800	125 900	96 900
中国建设银行	91 500	97 534	97 007	92 225
中国工商银行	99 789	100 083	95 043	89 646
中国银行	45 506	46 810	42 507	41 723
总计	359 595	374 227	360 457	320 494

资料来源：中国农业银行、中国建设银行、中国工商银行、中国银行 2015—2018 年年报。

①　严箴 . 稳健发展 智慧升级：2016 年中国 ATM 市场述评 .［2017 - 03 - 29］. http：//www. financialnews. com. cn/kj/jiju/201703/t20170321 _ 114635. html.

三、非现金自助终端设备发展发展迅猛

与 ATM 现金设备相比，非现金自助终端设备主要具有以下特点：

（一）设备价格较低，银行布放成本压力小

由于没有现金识别及计数模块、冠字号模块、钞箱等现金处理部件配置，非现金自助终端设备通常设备价格较低，仅约为 ATM 现金设备 10％～30％的水平，而且设备不涉及清机加钞等现金补充维护，银行日常运营所需人力等投入均比维护 ATM 设备少，因此银行布放非现金自助终端设备成本压力小、设备交易量要求相对较低。

（二）技术门槛相对较低，制造厂商众多

非现金自助终端设备生产技术要求较低，主机、读卡器、显示屏、密码键盘、身份证鉴别仪等部件国产化程度高，受经济下行影响，越来越多的厂商进入自助终端生产行业；同时传统的 ATM 生产厂商因银行对 ATM 设备采购需求量变小，也正在寻求突破，纷纷涉足非现金自助终端设备的制造与生产。因此相对于 ATM 现金设备而言，非现金自助终端设备生产厂商众多，竞争尤为激烈。

（三）设备类型多，更新换代快

由于生产厂商众多，为突出产品的独特性、差异性，厂商往往针对某一银行细分需求，快速开发生产出相应设备，如存折补登机（俗称"打本机"），各类查询终端、缴费终端、填单机，排队取号机，等等。同时因设备成本较低，不同地区、不同网点业务类型存在差异，对厂商提供的具有不同功能的设备，总有银行愿意尝试试点。试点成功的设备开始推广，不成功的设备则迅速淘汰。

（四）设备安保要求相对较低，布放灵活

因 ATM 设备涉及银行加钞及客户存取钞安全，国家公安部专门制定了

《银行自助设备、自助银行安全防范要求》，要求 ATM 设备通常需具备独立封闭的加钞间，进行武装押运警戒；以及除通常的环境监控外，还需在保证客户隐私的前提下，安装更加严密的多角度音视频监控系统等。自助终端设备因无现金问题，比较而言安全防控要求相对较低，环境要求相对宽松，因此布放更为灵活。

基于上述特点，各银行都普遍在网点内布放了多种非现金自助终端设备。通常一家大型银行全辖网点内设备往往多达几十种，ATM 设备通常网均配置 2～3 台，其他均为各类非现金交易型设备，既包括查询缴费机、壁挂型简单功能终端设备、综合型自助终端等多种传统非现金自助终端设备，也包括近年来普遍大规模新增布放的智能柜员机、智能打印机、产品领取机等新型终端设备，网均通常达到 4～6 台甚至更多，远多于网点内的 ATM 现金设备数量。

四、现有银行设备主要种类

从设备类型上看，传统的 ATM 现金设备，主要包括存取款一体机、取款机设备。非现金设备，主要包括查询机、缴费机、填单机等单功能设备，以及多功能自助终端、综合服务机等多功能设备，不同银行布放的设备名称叫法不一，功能也存在较大差异。随着新一轮的各银行网点智能建设改造，也出现了以增配有身份证识别及联网核查模块、审核授权模块等为特征的智能现金及非现金设备，主要包括农业银行的超级柜台、大额存取款机（现金超柜），工商银行的智能柜员机，中国银行的智能柜台，建设银行的 STM（智慧柜员机）等。

从客户使用模式上看，可分为客户全自助使用模式设备和"客户自助＋银行授权"模式设备。上述各类传统型现金及非现金设备均为客户全自助使用模式设备，而各银行相继投放的各类智能型设备均为客户自助＋银行授权模式设备。

从布放形式上看，可分为在行式（on-premise）设备（也称依附式设备）与离行式（off-premise）设备。依附式设备可分为网点依附式自助银行设备、对外穿墙式单体设备和网点大堂式设备，前两者为 24 小时服务设备，后者通常仅在网点厅堂开门营业期间对外服务。离行式设备也可分为离行式自助银行设备和单点式离行设备，通常为 24 小时服务设备。

第三节　现阶段 ATM 自助设备价值分析

一、ATM 渠道仍是银行客户交易第一大渠道

从客户维度来看，虽电子渠道业务快速发展，分流了银行大量的交易客户，但 ATM 渠道交易客户仍占到全渠道交易客户的 50％以上，其余才是 POS 机、网上银行、柜台、手机银行等线上及线下渠道。从交易量维度看，ATM 渠道发生金融交易笔数在银行全渠道发生金融交易总量中的占比虽有下降，但目前占比仍高于 40％。ATM 渠道作为银行交易第一大承载渠道，较长阶段内仍需给予足够重视。

二、ATM 渠道是银行面向长尾客户提供基础服务的最主要渠道

银行客户中，金融资产在 20 万元以下的普通客户基本占到全部交易客户的 90％以上，而这部分长尾客户使用 ATM 服务的比例达到 60％以上，手机银行、网上银行渠道的比例则仅占 15％和 20％左右。因此 ATM 渠道在银行各个对外服务渠道中，其长尾客户服务价值最为突出。

现阶段充分认识到 ATM 渠道的"交易主力、营销蓝海"价值后，各银行仍应适当保持科技资源投放，避免 ATM 渠道第一大交易渠道功能的落后，导致客户服务能力下降，进而造成银行主体客户的满意度下降和客户流失。同时改变仅仅将 ATM 机作为交易服务设备，营销功能仅停留在面向客户轮播统一广告的现状，重新认识 ATM 渠道的营销触点作用，以客户主动识别为基础，以基于大数据分析为基础的精准产品推荐为手段，重点挖掘 ATM 渠道的营销功能，尤其是开发针对年轻客户群的因客营销功能，加强与手机银行线上线下的协同配合，依托 ATM 渠道引流拓展线上渠道客户、增加产品销售，将可焕发出 ATM 自助设备的全新渠道利用价值。

第二章

ATM 设备的选址布放

第一节　关于 ATM 设备选址的合理性

一、ATM 设备布设选址直接影响银行效益

中国的内地银行进行 ATM 设备布设已经有 30 多年的历史了，从其他业态如连锁零售和餐饮店的发展和 ATM 业务管理的实践中，各银行都充分认识到了投放选址的重要性。无论是一家多种类设备功能齐全的自助银行，还是一台单体式的 ATM 设备，可以说都是"浓缩的银行网点"，所选择布放的位置基本上直接决定了日后的效益和成本支出，这点是毋庸置疑的。但是往往各银行进行业务分析时，总会发现有相当数量的 ATM 机布设地点不合理，成为让银行头疼的问题。

自 2004 年起，各家银行逐渐认识到，与物理网点建设类似，选址不科学、投放目的经常变化、盲目投放是影响 ATM 机使用的三项突出问题，于是，各家银行陆续研究制定了自己的 ATM 设备布局选址基本标准、要求、测算模型等。但是目前为止结果似乎令人沮丧，根据相关银行 2017 年组织开展的客户满意度调查结果，对 ATM 自助银行，客户表示最不满意的依然是"分布不合理、数量少"。实现全部设备科学选址、合理布设，似乎成了一项"不可能完成的任务"。

二、影响 ATM 设备选址合理性的主要因素

（一）银行网点选址布局的合理性

从整体来看，ATM 机布放位置受银行网点分布的影响非常大，多数银行 ATM 机"东多西少""大中城市集中"的分布格局也基本上是由历史原因形成的银行网点分布格局决定的，在网点分布格局无法快速大规模调整的情况

下，ATM 自助设备的分布格局也无法根本改变，某种意义上可以说不存在单独意义的 ATM 设备选址布局。造成这一特点的原因主要有两个方面：

（1）银行的大多数设备都是安装在网点内的，包括依附于网点的 24 小时银行以及安装在网点外立面、厅堂内的设备。网点的客户量、业务结构等都直接影响着设备的使用效率和银行的效益情况。

（2）离行式设备布放往往也受运钞车线路或网点加钞支持等因素影响。对于成立集中运营中心进行 ATM 备用钞集中配送及加装的，由于涉及多台设备现金，需要的专门款车及武装押运费用较高，通常将网点和 ATM 设备的送钞线路进行统筹规划，租用运钞车及押运人员才更为经济合理。对于未集中运营的设备，则往往需要就近网点人员负责加钞维护，因此离行式设备的选址，实际上也与网点的布局位置具有很高相关性。

（二）设备布放目的的多样性

除为满足银行持卡客户正常需要外，近年来随着银行业务竞争的加剧，分行常常出现将提供 ATM 设备作为银行维护公司客户、代发工资客户和银行卡收单商户关系的辅助手段的现象。

这些 ATM 设备往往布放在营销单位内部，甚至如部队、大使馆、舰船等特殊区域，普通客户根本无法进入使用。这些设备从使用效益、银行运营成本等角度来看选址并不合理，但具有很好的重点客户关系维护和担当社会责任价值，对稳定银行对公存款等业务具有相当大的作用。对大型政府部门、集团总部、事业单位聚集的地区投放的全部离行式 ATM 设备中，60％以上的设备为对公营销型投放；尤其是单点式离行设备，甚至 80％以上为各类批发性业务营销用途投放，导致这些地区 ATM 设备使用效率长期处于很低水平。

（三）"不合理"的不同视角标准

从客户的视角看，在需要的时候找不到银行卡所属银行的 ATM 机，是该银行 ATM 机选址布局不合理的主要原因。而从银行业务发展人员的角度来看，设备投放后的交易量小、手续费收入少是选址不合理的主要原因。而从日常运维人员的角度来看，部分离行式设备地理位置相对较远，或者不便于押运车辆停靠导致装卸钞人员需携钞徒步行走较长路程从而增大安全隐患，又或者加钞操作空间狭窄难以满足双人加钞要求等，都是选址不合理的原因。从安全防控的角度来看，人员成分混杂、存在消防等安全隐患、监控巡查不便，同样是选址不合理的原因。等等。因此，ATM 设备选址布设地点无法兼顾不同视角的标准。

第二节　现有 ATM 设备选址方法及局限性

一、总量比例控制法

早期各银行总行主要采取控制不同分行投放总量的方法进行 ATM 设备投放管理。由总行规定分行设备选点布局、迁址调整的基本标准和要求，并详细规定不同分行、重点城市、重点区域的投放设备占比，列出严格控制投放的区域种类，对自助银行配置设备类型及数量进行标准化，规定用于公司大客户营销用设备的控制比例须迁址调整的标准等。再结合考核、采购预算规模分配控制等手段，约束分行执行。

这种方法加强了分行选址投放的宏观管理，一级分行易于掌握和操作，但对基层行具体的 ATM 选址缺乏指导和约束性；同时任何地方建设自助银行时，均按照统一的设备类型和数据标准进行配置，忽略了不同地点客户需求的差异性，造成实际投放后有的设备种类使用效率高，有些设备种类闲置低产。随着各地设备整体投放规模的迅速扩大，分行新投放设备选址布局不合理问题日益突出。

二、微观量化模型法

除去总量比例控制法，部分银行也尝试建立并采取了微观量化模型法。通过规定各类型设备配置数量测算参数，提高分行设备需求测算和投放管理的科学性，力图为基层设备选址及数量测算提供更为具体的有效工具。

与网点选址评分模型类似，ATM 设备选址模型通常也采取评分表方式打分，要求基层分支行选址时对周边客户基础、地理位置与外部环境、金融环境、内部营业环境与功能设置等要素近 20 项数据进行采集，按照不同权重计算得分，达到一定标准的为有效选址。

除选址模型外，还需配套建立存量及新建网点/离行式自助银行设备配置数量测算模型。配置数量模型主要解决选址后确定应配置设备类型和应配置数量的问题。通过分设备、分场景逐一规定配置数量的测算方法及参数指标，向基层分支行提供菜单化、公式化的计算模型，减少设备类型和数量配置的随意性。

该种方法表面上很好地解决了总量宏观控制方法的缺陷，可以为每类每台设备的布放提供精准的量化测算，但是实践运用中也表现出明显的不足。

第一是选址模型本身的合理性。通常建模时，主要是从经验出发，归纳总结影响设备使用的主要因素，再给每项因素设置一定的数量标准以及计算系数。这种从经验出发的单变量系数建模方法，往往存在变量设置科学性欠缺，每项变量标准的区分性不足等方面的问题，模型本身科学性欠缺，导致其与设备投放后的实际效能结果相关性差。

第二是中国地域差异巨大，统一模型难以各地适用。中国幅员辽阔，经济发展及地域文化差异巨大，用一套模型一套参数，实际很难对各个不同地区每一台 ATM 设备选址的合理性，做到精确计算和判断。

第三是选址数据获取难度高，耗费大量人力物力且准确性差。模型通常由总行综合考虑可能影响 ATM 设备布放后使用的各种因素作为量化数据项制定，但基础数据本身还是需要基层分支行网点人员使用时进行具体采集。由于数据项较多，部分数据项基层人员往往难以完全按照科学方法进行采集，而是采取简单估算甚至凭感觉拍数的方法，输入模型。如周边地区人流量、主客动线、周边交通枢纽数量等数据，均需要现场勘察获取，但基层网点人员具体采集时根本难以真正按要求做到不同时间、不同时段蹲守抽样计数。同时个别基层行也存在为获得上级行批准而调整数值过关的问题，对此，上级行往往难以核查。模型结果失真，不具备参考价值。

第四是调整不合理选址的困难性。ATM 设备布放除涉及机具相关费用外，还涉及房屋租赁与装修费、网费、押运车辆及人员租赁费等。对于经过模型测算评分结果为选址不合理的设备，由于涉及多种因素，撤除并非易事，因此模型测算结果的执行并不能到位，从而也影响了基层分行对模型重要性和执行严肃性的认识。

第三节　优化 ATM 设备选址方法探析

一、高密度自有设备地区增设

与营业网点效能评价的多业务多指标不同，自助设备的投放效果评价指标相对比较简单，主要就是设备使用效率情况，通常以设备的日均交易量来衡量。

银行掌握每一台自有设备的具体布放地址和长期积累的详细交易量等数据，但目前为止这些数据实际使用和挖掘的程度还很不够，借鉴如热力图手段，银行就可能通过将全部已有设备的详细地址、使用年限、设备故障率和交易量等数据与地图技术相结合，这样相邻设备自然就组成了不同交易量热力度的群落，形成直观、有效的 ATM 自助设备使用热力图。

从总行角度来讲，可以根据不同一级分行所处热力度情况，并根据不同一级分行交易热度和设备故障率，设置不同的设备报废年限要求，从而判断各一级分行年度新设备需求的合理性，由总行进行总量预算及分配调节。

从一级分行角度来讲，可根据本行辖内热力度群落分布，制定本行相应的规则及标准，分配相应设备资源。对于辖内分支行申请的具体设置安放需求，只要基层行提供准确的选址经纬度坐标，即可在地图上看出是否落在要求的热力区域范围内，甚至可以看到所选位置是否有建筑物或绿化物遮挡，是否方便停车使用设备等具体情况，从而进行本行辖内设备需求合理性判断。

　　基层分支行网点，亦可根据本市、本地区热力群落分布，在目标热力群地区范围内，勘察符合条件的街道或建筑物，进行新设备选址。

　　这个方法与最新数据可视化技术相结合，将使得 ATM 自助设备选址更加形象化、简便化。可普遍适用于已有大量设备布放的大型商业银行，以及自有布放设备已达到一定密度的地区。

二、新进入/低密度自有设备地区布放

　　对于自有 ATM 设备较少的中小银行，或者以前尚未布放的较大新区域，如拟新进入的空白县域等地区，使用自有设备数据难以形成比较精准的设备使用热力区域图。

　　但通常来讲，ATM 自助设备的布放主要服务于本行发行的银行卡，因此，在受理数据相对较少的情况下，可更多借助本行银行卡发卡方数据，例如通过本行卡消费支付数据，进行本行卡活动热力图分析，寻找本行卡使用活跃区域进行布放。

　　根据《中国人民银行关于强化银行卡受理终端安全管理的通知》要求，中国银联已于 2017 年建立统一的银行卡受理终端注册管理平台，并要求各国内银行通过该平台完成所有 ATM 自助设备信息注册；对于 ATM 终端，各银行要在本代本交易报文中包含终端编码，在本代他交易报文中包含受理机构编码和终端编码，确保通过受理终端唯一编码标识，精确定位每台终端设备。相信随着中国银联数据的逐步放开，各银行通过本行卡在他行设备使用数据的分析，也可建立服务主体对象角度的使用热力地图，从而弥补单纯从现有自身设备受理数据角度建立热力图并进行新设备选址应用的不足。

　　对于银行自身而言，也可选择设备布局存在较强互补性的目标银行，按照共享发展模式理念，通过合作共享、相互支持、共谋发展的方式，获取本行卡在对方 ATM 渠道受理交易数据，从而形成在本行尚未进入或自有设备密度较低地区的本行卡交易热力图，支持在这些地区进行 ATM 设备新增布放选址。

三、利用外部资源，进行大数据建模

大型互联网公司能够掌握大量的个人客户消费习惯、活跃区域等数据，可依据不同类型需要，进行较为精准的客户画像分析。与这些移动互联网公司合作，充分利用其大数据资源和先进的数据建模能力，可有效解决银行自身选址微观数据获取成本高、难度大、准确性差的缺陷，从而实现银行 ATM 设备科学选址、精确布放。

通过利用互联网公司移动支付数据，一是可开展现有 ATM 设备与周边信息、人群画像、道路交通等契合度分析，利用大数据分析和自动学习建模技术，通过对设备进行效能影响特征重要性以及特征覆盖度等方面分析，针对不同区域建立差异化的选址评分模型，同时不断自动积累数据、修正并完善模型。二是利用模型和互联网公司外部数据资源，更加精准评估备选区域价值，确定新设备布放选址位置。三是针对现有低效能设备进行发展潜力诊断，对于存在潜力但使用效率低的设备，更加有针对性地进行原因分析与改进，达到服务客户目的；对客户潜力匮乏的设备，及时迁址或裁撤，避免资源无效投入与浪费。

第四节　移动支付发展的影响分析

一、移动支付发展与 ATM 业务相关性

从银行普遍情况来看，2014 年前由于社会现金使用需求旺盛，银行投放设备一直处于数量不足状态，影响设备使用效率的主要因素是功能不足。各主要商业银行一方面加大设备投入放大覆盖规模，另一方面争相开展集中系统建设，扩展 ATM 机支持的业务功能品种。ATM 机从仅服务本地卡的取款设备，迅速扩展为可支持全国联网异地存取、转账，甚至投资、缴费等可满

足各类基础金融服务需求的综合型设备。由客户需求激发的银行设备功能扩展，极大程度上提高了单台设备产出和边际效益，从而刺激银行继续加大资金投入，扩大设备数量规模和覆盖区域。

但从 2014 年起，互联网移动支付渐具规模并加速发展，特别是第三方移动支付迎来爆发式增长，客户各类生活场景的小额现金需求迅速减少。如图 2-1 所示，2014 年、2015 年、2016 年、2017 年、2018 年我国移动支持规模分别较上年增长约 391.3%、103.5%、381.9%、104.7%、58.4%[①]。如图 2-2 所示，2015 年成国内银行卡业务的重要拐点，取现业务自此连续三年下滑，存现业务 2017 年也出现下滑[②]。而这一时期国内 ATM 设备保有量依然保持增长，从 2013 年末的 52 万台增长至 2017 年末的 96.06 万台，各银行 ATM 设备单台日均使用效率普遍进入快速下滑期。据相关报道，2017 年中国工商银行 ATM 机交易额为 11.86 万亿元，同比减少 10.6%，近 5 年来首

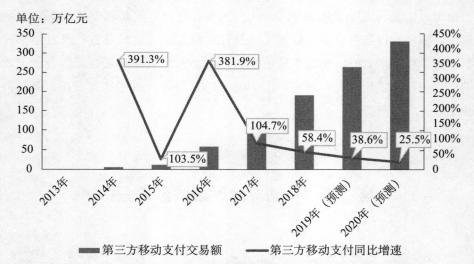

图 2-1　2013—2020 年中国第三方移动支付交易规模及变化趋势

资料来源：最新报告！2018 年第三方移动支付交易规模达 190.5 万亿. [2019-06-01]. https://chuansongme.com/n/2939568042029.

---

①　最新报告！2018 年第三方移动支付交易规模达 190.5 万亿. [2019-06-01]. https://chuan-songme.com/n/2939568042029.

②　移动支付年交易额逾 200 万亿，这一行业却哭了. [2018-08-14]. https://www.ko123.com/jinrigushi/f2423.html.

次出现负增长①。银行 ATM 设备使用效率下降与社会移动支付发展呈现出高相关性特点。

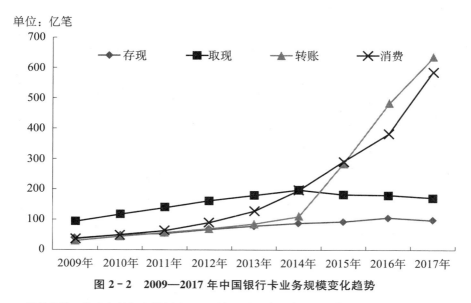

图 2-2　2009—2017 年中国银行卡业务规模变化趋势

资料来源：移动支付年交易额逾 200 万亿，这一行业却哭了. [2018 - 08 - 14]. https：//www.ko123.com/jinrigushi/f2423.html.

二、移动支付发展对 ATM 设备未来规模影响

传统上，各银行通常是根据自身上一年度 ATM 设备交易总量以及设备的单台日均交易量变化，决定下一年度设备投放量。但是鉴于银行 ATM 设备使用效率与外部移动支付发展间的高相关性特点，在移动支付迅猛发展的过程中，各银行实际更加需要根据移动支付互联网发展趋势，对客户需求的变化程度进行预判与测算，从而更加主动地采取事先性设备规模总量控制措施。

测算方法示例：首先，根据 2011—2018 年第三方支付规模的银行卡取现规

---

① 5 年翻 21 倍 支付宝微信笑了！这个行业却大崩溃. [2018 - 06 - 28]. http：//money.163.com/18/0825/08/DQ1RKUB500258152.html.

模数据，构建基于第三方支付规模的银行卡取现数据模型（$y=2\,997.7x^{1.703\,4}$，$R^2=0.687$），并基于 2019 年、2020 年的第三方支付预测数据，测算出 2019 年、2020 年银行卡取现预测值分别为 51.02 亿元、41.83 亿元。其次，基于 2012—2018 年的银行卡取现数据与某银行实际 ATM 交易总笔数数据，构建得出基于银行卡取现规模的某银行 ATM 设备交易总笔数模型（$y=-0.000\,2x^2-0.017\,4x+69.565$，$R^2=0.462$），测算该银行 2019 年、2020 年 ATM 交易总笔数预测值分别为 243.1 万笔、173.3 万笔。最后，假设该银行 2019 年、2020 年分别需要将 ATM 台均日均交易笔数保持在 70 笔和 60 笔水平，则从模型测算得出两年中 ATM 设备总量分别应压降约 7 000 台和 5 700 台。

加强总量规模测算与控制，保持客户服务保障与设备使用效率的平衡，是未来较长时期内各银行 ATM 自助业务发展面临和必须要解决的问题。在控制调整的过程中，根据不同地区受移动支付影响程度，实现有增有减、把握节奏、总量控制的目标。既要避免盲目投放导致资源浪费，也要避免收缩过度影响客户服务与网点柜台业务迁移的支撑能力。

三、对 ATM 设备区域选址布局的影响

虽移动支付发展与 ATM 设备使用效率整体上高度相关，但对各地区数据进行细化分析，不同地区 ATM 设备使用效率受移动支付影响下降的程度仍存在较大差异。银行应针对不同地区采取差异化布局策略：一手抓规模总量控制，一手抓区域布局优化。

以某银行为例，通过对各地区分行 ATM 设备使用效率下降情况与移动支付、互联网发展数据综合分析，可以将全国地区归为三类：

对北京、浙江、福建、上海、山东、江苏等单台日均交易笔数较少、降幅大、移动支付互联网发达程度高的分行，总行应采取每年仅按照需报废设备总量的一定比例给予采购更新用设备预算等措施，迫使分行缩小存量设备规模，重点调整迁址存量设备、调优布放位置结构。

对广东、湖北、四川、安徽等单台日均交易笔数尚较多，但下降幅度大、移动支付互联网发展快的分行，总行可采取基本保证更新报废设备所需预算，

但严格控制新增投放设备预算等措施，促使分行适当保持设备现有总规模；同时督促分行密切监控设备使用情况，根据分行存量设备年限结构，提前做好削减设备规模准备。

对内蒙古、广西、山西、云南、贵州、青海等地区移动支付互联网发展相对滞后，ATM 等自助设备仍保持较高的使用频率且降幅较小，自助设备仍具备先进性和便捷性的分行，总行应适当继续加大投入，支持分行择优选址扩大投放总量，满足客户增长性需求。

ATM 自助设备的功能产品建设

第一节　自助设备功能产品规划的重要性

不同的自助设备功能产品建设规划，将直接影响设备的形态设计和网点内提供服务所需摆放的设备种类及数量。

众多设备生产厂商从自身利益出发，积极推动银行进行设备功能细分，从而销售更多种类、更多数量的不同功能金融机具；或者强调自己销售的设备与其他厂商设备相比，在某个方面的功能创新性、独特性、差异性，从而达到进入银行、实现销售、抢占原有设备厂商销售份额的目的。同时，随着近年银行网点升级，非现金智能终端的大规模使用，非现金智能终端厂商乘势也开始以通过向银行推销配套现金边柜等为切入点，力图进入长期以整机销售方式难以进入，但售价利润较高的现金设备销售领域。对此，银行需清楚认识自身业务特点与发展需要，建立适合自身的自助设备功能产品建设规划，才能避免被厂商牵着鼻子盲目投放，成为各厂商繁杂设备的堆积场、实验场。

从客户体验来讲，一台设备提供全流程、一站式的业务功能，避免服务断点，客户体验将更好。但如果一味强调和追求提供"无断点""一站式"的所谓"极致"客户自助操作体验，也将造成设备集成模块过多、体积庞大、操作复杂的问题。简单与复杂的功能、使用频率高与低的功能都由一台设备提供，不同业务的办理进度都受一台设备制约，会造成客户不合理的等待，反而影响大多数客户的体验。

从银行成本来看，缺乏合理规划而投放过多种类设备，会不可避免地使得某些设备部分功能重叠，而同时又有部分设备功能不齐全，造成客户使用上的困惑，使客户因感觉操作复杂对使用设备产生抵触心理。而如果追求使用全功能一体式设备，也会因机具体型庞大、功能复杂，造成客户使用困难。这些都会影响客户使用效果，并且大幅增加银行自身厅堂服务人员培训和指导协助客户使用的难度，提高设备采购成本，增大设备占用空间和面积，而现在商用房产不管是购置还是租赁都成本高昂。根据客户动线设计厅堂摆放的难度也将加大，带来更加严重的网点厅堂服务问题。

从未来发展的角度来看，多数大型银行应解决 2010—2013 年因全社会扩大投资带来的设备过量投放问题，以及 2014 年后因移动支付快速发展造成的现有设备过剩问题，即缩规模消滞胀；同时还迫切需要利用新的技术手段解决网点到店客户服务效率，继续迁移柜台业务压力，缓解网点越来越严重的人力不足问题。但是，ATM 自助渠道整体日渐衰退的趋势不可逆转，因此银行在进行后续 ATM 自助设备管理系统建设以及硬件更新投放的时候，尤其需要同步做好软硬件策略规则，坚持成本控制思想，在充分发挥利用原有系统和已有硬件的基础上进行，而不是贸然高投入重建整套管理系统，或者闪电式大量贱价淘汰原有硬件设备。

因此，各银行尤其是总行，必须综合考虑客户体验、成本控制、基层网点人员服务流程的需要，预先进行自助设备功能产品的合理规划与设计，从而确定网点内的设备投放类型与形态、厅堂摆放布局、人员服务流程，达到客户使用便捷性与银行投入、管理难度的平衡。

第二节　功能产品规划与设备策略

一、各银行的不同情况

四大行中工商银行和建设银行由于历史原因，在 ATM 设备上一直保留了代缴类非现金业务。工行 ATM 设备代缴费业务品种最多。建行 ATM 设备虽也保留了代缴费业务，但多年来一直局限在通信话费、水费、燃气费代收等少数代缴费业务品种上；近年虽然增加了个人理财相关的通知存款、理财卡定活互转与明细查询等业务，但并未增加需要较长操作时间的业务品种，如理财购买等非现金交易。农业银行和中国银行则在推动 ATM 业务发展期间基本上放弃了 ATM 受理代缴费类业务，代缴费业务向自助终端、网银、手机银行等成本更低廉的渠道迁移，ATM设备则集中于现金方面的功能产品服务。股份制商业银行中，个人银行卡业务规模最大、发展最强的招商银行，ATM设备也集中于现金功能产品，最早着力开发存款、还款、循环、非接、刷脸取款等现金功能，也未开放发展代缴费类非现金业务，近年保险业务略有增加。而民生银行、光大银行、部分城市商业银行、部分农业商业银行等客户规模、自助设备规模均较小的银行，则在ATM设备上一定程度地集成了较多的缴费、查询、积分兑换等非现金功能。

从中国香港等亚太地区银行情况来看，香港、澳门部分银行客户规模较大、业务需求较多，基本采取现金与非现金类功能适当分离，ATM现金设备与自助非现金终端设备同时投放的策略。但新加坡或中国港澳地区的一些较小规模银行，则采取了在ATM设备上集中增加部分支票簿受理等非现金功能的策略，很少投放非现金设备。

由此可以看出，大型银行与较小规模银行对自助设备的现金与非现金功能产品设计，采取的策略是有所不同的。这主要是受到现金ATM设备与非现金自助终端设备成本差距，和客户现金交易与不同类型非现金产品的使用需求量差异两大因素影响。

对大型银行而言，因客户规模较大、各类服务产品较多、交易量较大，更加适合采取现金与非现金功能产品适当分离的策略。以较高成本的ATM现金设备，集中满足客户现金以及少量的交易量高、步骤少可快速完成的非现金短交易需要；以成本较低的不同类型非现金设备，满足交易频率较低、操作步骤复杂的各类非现金功能需求。而对小型银行来讲，因为客户规模较小、功能产品较少、交易量较少，更宜采取现金与非现金功能集成的策略，以较少的设备投入，最大限度满足客户各类需求，承载更多交易量，提高单台设备使用效率。

二、功能产品规划与设备选择策略的基本原则

互联网思维下，"找到痛点""实现极致客户体验"日益时髦和流行，做到产品种类极致、客户体验极致，经常成为推翻原有系统、大规模更换原有设备的理由。但实际上在商业经济中，任何产品品质和客户体验的提高都是

有成本的，把品质做到极致，也就意味着成本上升到极致，是会损害客户利益的。因此我们的思维应该是更好地做到效益和成本的平衡，而不是简单追求所谓的"极致"。

尤其是自助渠道产品建设，直接影响银行投放的设备类型和设备数量，从而影响每年数十亿元的成本投入。自助渠道的功能产品规划应综合考虑设备价格成本、客户需求交易量、客户体验便捷性、系统升级维护成本因素，依据自己银行的客户需求特点、业务量大小和系统升级维护能力，提前进行整体性规划研究，从而采取最适宜自身的机具选择策略。

自助设备目前可支持处理的交易主要为四类：现金交易；凭证发放处理交易（如发卡、电子银行口令牌、票据等）；特殊打印类交易（如存折补打、账单、交易流水等）；不涉及现金、凭证、特殊打印处理的交易（如查询、转账、货币兑换、理财、基金、保险、第三方存管等）。而不同功能要求设备硬件配置的模块复杂程度不同，从而造成设备成本价格不同。

与功能要求相对应，对不涉及现金、凭证、特殊打印处理的交易，配置主机、显示屏、读卡或读存折、密码输入、简单的凭条打印等基本硬件的设备即可支持。对于现金类交易，则需增加配置现金处理的相应硬件，通常包括验钞模块、钞箱、人民币冠字号码信息记录仪等。对凭证发放处理类交易，则主要需增加配置客户身份证核查、拍照摄像头等身份验证模块，以及空白卡、空白电子银行口令牌等保存及发放模块。对特殊打印类交易，则主要需增加配置存折打印机、A4激光打印机、发票打印机等。目前市场上普通的纯交易型终端仅6 000～8 000元，含凭证发放及特殊打印型终端约2万～2.8万元，ATM现金一体机设备约6万～8万元，差价巨大。

因此，小规模银行宜选择硬件集成度较高的设备，以一台ATM现金设备尽量覆盖更多功能。这种选择的优点：一是在非现金业务量少、不足以支撑进行单独非现金终端设备投放的情况下，利用ATM设备支持更多非现金业务，节约整体设备成本投入。二是利用非现金功能弥补现金交易量的不足，从而使设备保持必要的使用效率，提高设备产出。三是在整体设备量很少的情况下，采用一台设备尽可能多地满足客户各类交易需求，可在一定程度上弥补设备少给客户造成的不便。这种选择的缺点：一是受厂商集成能力和设备体积等因素影响，一台设备难以集中所有业务所需硬件，因此不得不舍弃对某些业务量较少交易品种的支持。二是因设备支持的交易种类多，系统升级改造更为频繁，也易对服务稳定性造成不利影响。

客户体量大，现金业务交易量和非现金业务交易量都非常巨大的大型银行，则更加适宜采取同时采购并投放现金和非现金设备的机具选择策略。现金设备集中处理现金，以及有限的与现金业务关联度高的、操作简单耗时短的非现金业务；不同类型的非现金设备，则用于处理操作步骤多、耗时长的不同大类非现金业务。

这种策略对大型银行来讲，优点主要在于：

一是综合成本效益最优。分析同前，目前市场上三种类型设备的成本差距巨大。首先，根据现金业务交易量合理配置现金设备数量，相较于使用高成本现金设备满足客户非现金交易需求更为经济。其次，随科技创新深刻改变社会、经济、生活的运行模式，客户金融需求去现金化趋势日益明显，匹配性缩减 ATM 现金设备规模可为银行节约更大成本。最后，由于非现金设备功能扩充、更新换代频次高，现金与非现金功能设备适当分离，有助于降低高成本设备淘汰更新频率，加快低成本设备升级，在满足业务发展的同时合理控制成本。

二是不同交易需求客户可分别获得更优的使用体验。现金设备的存、取、转、改、查业务均具有流程短、速度快的特点，而结售汇、汇款、开卡等多数非现金业务流程长、步骤多、业务专业性较强，多数需要网点人员协助指导。因此现金与非现金业务适当分离，有助于简化业务流程，使客户快速办理业务，减少排队等候时间；复杂业务客户则可通过使用更多数量的低成本机具和相关人员辅助，来享受到更适合、更周到的银行服务。

三是有利于银行系统稳定和升级维护。现金设备数量多、单台交易量大，一旦系统宕机，影响范围广，监管要求和社会舆情关注度相对较高。而非现金业务品种多，监管政策变化快，银行必须维持高频率的系统升级，现金与非现金业务适当分离有助于保持核心渠道系统稳定，降低银行业务连续性风险。

四是有利于不同类型设备退出策略实施，避免相互牵制。随移动金融服务快速发展，越来越多的客户改为使用手机银行等线上渠道，或者通过支付宝、微信等第三方支付渠道完成转账、汇款、缴费、理财、购买保险等非现金业务，同时，去现金化趋势日益显现，现金及非现金设备已不可避免地进入衰退期，但两类业务的衰退速度是明显不一样的，并且过程也会相当漫长。现金与非现金设备功能上的适度分离，有利于实施更加灵活匹配的退出策略，减少退出过程中的资源浪费。

第三节　ATM 现金设备产品建设方向

一、简化操作提升客户定制化体验，吸引服务长尾客户

各银行 ATM 功能基本集中在存、取、转、改、查、IC 卡圈存等业务种类，同质化程度高。但各银行在功能建设的同时，对操作的便捷性常常重视不足，造成各银行 ATM 功能基本相同但操作步骤繁简程度不一，而是否便于使用恰恰也是影响客户使用的重要因素之一。

以某银行为例，其集中进行 ATM 操作步骤简化改造后，将全部交易压缩到两至三步即可完成，并进行了界面功能快捷按钮排列人性化调整，相关功能界面增加余额提示、增加功能联动快捷键等几项并不复杂的调整改造后，较短时间内 ATM 机的单台日均金融交易笔数增长了约 25.8%，ATM 渠道金融交易量在全渠道金融交易量中的占比提升了约 5 个百分点，效果非常突出。同时由于很多客户都在操作完取款、存款、转账等动账交易后马上进行余额查询，仅通过在相关功能界面增加余额提示这一项交易流程优化改造，就使得生产系统上的余额查询交易量从总交易量占比的 16% 下降至 7%，日均减少系统交易达 135 万笔，大幅度减少了多个后台系统的无谓交易损耗，提高了整个系统资源的利用效率。

随着技术的发展，人们也更加喜欢个性化、特制化服务。与国内银行 ATM 自助设备面向所有的客户提供相同功能、相同界面、相同限额的服务不同，美国富国银行的经验非常值得参考。富国银行在其最新"迷你网点"的

建设中，首家创新了智能化ATM界面服务，实现了ATM设备根据客户以往的交易偏好记录，以及客户年龄、性别、职业等，自动显示专属定制化的界面、功能及触屏按键，从而让客户更加快速便捷地完成银行业务。提升ATM自助定制化服务体验，就可以解决针对年龄较大客户自动提供简易功能、大体字界面等个性化问题，从而更好针对目前仍愿到网点办业务的普通长尾客户，提供更具吸引力并且节约银行成本的服务。

二、线下线上一体化协同，创新智能化新交易模式和体验

金融交易呈现不断线上化发展趋势，手机银行迅速为大众客户所接受并实现了大量非现金业务和客户的迁移，越来越多的客户很少去网点办理业务，习惯操作手机解决自己的各类金融需求，但手机银行始终无法直接解决现金、介质、凭证的交付问题。ATM自助设备可解决现金、凭证问题，但受限于需客户插卡并输入密码验证的传统使用模式，也越来越暴露出客户使用不便的问题。两类渠道各有所长，同时各自的短板也很明显。

以客户体验和需要为中心，整合客户应用场景，打通线上线下，将新型的手机银行和传统的ATM渠道变并行为协同，结合两类渠道优势，成为突破原有各自渠道服务功能不足的新方向。2013年中国银行推出手机密码汇款取款功能，2015—2016年工商银行、农业银行、建设银行、中国银行等陆续将手机扫描二维码技术与传统ATM机取款服务相结合，推出ATM机扫码取款功能。招商银行2015年推出"一闪通"手机非接ATM机取现。2017年农业银行将最新人脸识别技术与ATM机结合应用，推出ATM现金设备"刷脸取款"新型现金业务模式，进一步突破了现金业务介质或手机身份认证限制，引起客户和媒体的普遍关注。

线下线上两种渠道的打通协同，不仅创新出更加智能化的新交易模式，打造出更加便捷舒适的全新现金业务体验，也成为开发存量ATM设备新使用价值的重要途径和方法。

三、智能化精准识别客户，创建精准靶向营销新场景

布莱特·金在其畅销书《银行3.0：移动互联时代的银行转型之道》中指

出，银行把时间和预算都花在了通过公共网站销售产品上，而亚马逊则把时间花在了向登录后的用户销售产品上。用户在亚马逊的购物体验更个性化，速度更快，其营收也足以让普通银行"眼红"。国内许多银行也是如此，在客户营销方面仍较多采取传统的"广种薄收"模式，注重营销的覆盖广度，而在通过客户识别抓住客户内在需求、精准推送产品和服务方面的能力还远远不够。

对多数大型银行来讲，ATM 渠道仍是最大的客户接触渠道，同时，与网上银行、手机银行等线上渠道不同，ATM 渠道还是唯一可受理他行客户交易的渠道，具有最为直接的非本行客户营销机会。但大多数 ATM 自助设备除满足客户交易需求外，仅是在无人使用或交易等待时播放简单循环广告，其客户营销价值基本处于尚未挖掘状态。

各银行通过 ATM 机交易的客户中，通常 10% 左右为非本行卡客户交易。某银行曾在部分地区尝试通过 ATM 机采集有办卡意愿的非本行客户，较短时间内就实际采集到有主动意愿客户手机号十数万个，数量相当可观。在银行获客难度越来越大、网点客户营销机会越来越小的情况下，充分利用客户使用本行 ATM 机服务的机会，主动识别客户，再通过与移动互联网公司合作的方式实现外部客户精准画像，就可针对这些非本行客户精准匹配本行产品，开展靶向营销。在拓展获客方面，ATM 渠道规模越大，越具有待挖掘价值。

打通 ATM 交易系统与后台客户管理及投顾分析系统，打通 ATM 机与手机使用，就可构建一个全新的客户精准营销新场景。实现 ATM 渠道精准营销的具体步骤：

第一步：在客户使用 ATM 机交易的过程中，后台客户管理系统立即通过客户卡号、人脸等信息，对客户进行精准识别，判断出客户的等级、已持有关键产品及活动性、所在位置和与最近理财经理距离等情况。

第二步：智能投顾系统根据客户识别信息，产生当前最适合的营销产品或活动，并推送出来。

第三步：ATM 机根据后台判断，生成包含不同信息的二维码，提示客户用手机扫描。

第四步：客户扫描后，即可获取银行量身定制的产品信息，并可通过链接直接接入银行线上服务。

在上述流程中，客户就在网点且对推送的产品信息感兴趣的，系统还可通知理财经理主动找到客户并提供服务，形成ATM机—手机线上—线下人员服务的一条龙精准营销服务。

可以看到，ATM自助渠道除承载现有交易功能外，增加客户主动识别、精准靶向营销、线上线下联动，将是未来可开发的新领域，具有可重新认识与认真挖掘的新价值。

四、实施网点设备类型升级，覆盖更大现金业务范围

从过去十几年的发展历程来看，ATM自助设备的类型升级换代，带动了银行网点效率和服务模式的大变革。

2005年前，各银行ATM设备基本均为第一代的单功能取款机设备，随着存款验钞技术的成熟，各银行都经历了从以单功能取款机为主到以存取款循环一体机为主的机具类型调整过程。至2015年，除极个别地区外，主流银行网点内设备已全部完成类型升级，替换更新为存取款一体机，只保留离行式单功能取款机，用于满足客户临时性取款需求。

存取款一体机作为第二代ATM自助设备，使自助设备迁移银行柜台业务的能力得到飞跃性提升，大幅度增加了银行的手续费收入。比如某银行的网点ATM设备更新换代，ATM渠道业务量从2012年4月起就全面超越了柜台业务总量，至2015年，ATM金融交易在全渠道金融交易中所占比例达到了54.86%，成为网点分流柜台业务、解决客户排队问题、解放柜台人员占用的重要武器。ATM设备的年手续费收入更是从2005年的1.8亿元，快速升高至2014年的12.5亿元。

2017年以来，农业银行、建设银行等开始试点投放第三代新型大额存款机设备。第三代新型设备在传统的客户纯自助使用模式基础上，增加了"客户自助＋银行授权"的业务办理模式。该种使用模式既保证了客户最大限度自助操作的效率，也使设备兼具了柜台人工审核业务的办理功能。不仅可覆盖现有ATM机全部功能，且可支持办理大额人民币存取、存折取款、外币存取款等现有ATM机无法办理的业务，但设备成本仅较原ATM

设备增加1万～1.5万元。根据测算，网点同等数量的2万元以上人民币取款和10万元以上人民币存款业务，这种大额现金机具办理成本仅为柜台人工办理成本的1/20。大额存取款机设备日均处理16.3笔大额业务即可达到投入产出盈亏平衡点，而通常一家大型银行40％以上的网点现金业务量均可达到该布放条件要求，投放大额存取款机设备具有相当规模的应用空间和价值。

目前，受互联网发展影响，银行网点内客户小额现金需求迅速减少，原有ATM设备使用效率下降；同时客户大额现金存取又只能局限于柜台人工办理，银行人员占用严重且办理速度慢，客户满意度低。在这种情况下，第三代"客户自助＋银行授权"使用模式的大额存取款机设备，将可作为网点内现有ATM机报废后的下一代替代性设备，启动新一轮网点设备类型结构升级优化，逐步以大额人民币、外币存取款机＋非现金智能设备作为网点自助设备基本标配，取代网点原ATM存取款机＋传统非现金自助终端的基本配置，从而覆盖更大业务范围，解放网点更多柜台人员，支持银行网点从以交易操作为主向以对客户提供定制化的营销顾问服务为主升级转型。

第四节　非现金自助设备产品建设方向

一、非现金自助设备的价值及定位

（一）非现金自助设备应定位于服务网点客户，离行式投放基本无服务价值

从设备实际使用效果来看，非现金自助设备现阶段仍在客户服务中发挥着重要作用。通常非现金自助设备数量不足ATM设备的一半，但年中间业务收入占比却可超过ATM设备占比数个百分点，每年实现中间业务收入几亿至几十亿元不等，数倍于年度设备采购成本。详细进行不同类型设备

效益情况的分析，会发现约占总量 1/3 的离行式非现金自助设备，全口径（含查询等各类非金融交易和转账等金融交易的全量交易）单台日均交易量极低，甚至不足 10 笔；离行式非现金自助设备实现的手续费收入仅占全部非现金自助设备手续费收入的约 2%，大量离行式设备实际处于闲置状态。

因此，非现金设备应定位于服务网点到店客户，以机器取代柜台人工，能够节约成本、提高服务效率、减少客户柜台等候，而离行式非现金自助设备基本无投放价值。

（二）介质凭证类业务难以替代，其他交易类业务存在错位发展空间

银行各类非现金自助设备覆盖业务种类繁多，但从未来可被手机银行、网上银行等线上渠道替代的可能性来看，可以划分为以下三类：

1. 被替代性较低的银行介质发放或凭证处理类业务

开卡、网上银行以及手机银行认证工具发放、存折打印等业务因存在监管强制要求至银行网点当面办理的限制，或手机、网上银行等渠道无法实现等原因，客户必须前往银行网点通过柜台或自助设备办理。承载此类业务的自助设备在较长时间内难以被手机银行等线上渠道替代，并且与柜台服务相比，在简便、高效、提升客户体验等方面具有明显优势。

例如开户、开卡业务，在现有监管制度体系下，仅具备理财、储蓄功能的 Ⅱ 类账户和小额消费型 Ⅲ 类账户可以在线上开户，具备投资、结算、支付等全功能的 Ⅰ 类账户则仍需遵循"三亲见"原则到网点办理。实际开立 Ⅱ、Ⅲ 类账户中，也仅有 0.2% 的客户为纯线上开户，其他 99.8% 的客户均在银行网点办理开户。而此类办卡开户加电子渠道签约业务在柜台办理往往需要 20～30 分钟，通过自助机具办理则仅需要 3～4 分钟，因此，后一种办理方式极受客户欢迎。

2. 被替代性中等的非介质人工核验见证授权类业务

非介质人工核验见证授权类业务交易过程中也需银行人员核验客户身份，但与开卡及网上银行认证工具发放等业务不同，不涉及银行物理介质的发放。这些业务由于受监管规定限制或高风险原因，在客户交易过程中，需银行工作人员参与，进行审核验证后方可完成。随着人脸识别等生物认证技术的广

泛应用，监管对手机银行、网上银行等渠道限制的逐步放开，以及客户的逐步接受认可，自助设备上的此类业务将越来越多地被手机银行、网上银行等线上渠道替代。

3. 被替代性较高的传统自助交易类业务

非现金自助设备可办理的各类余额及信息查询、账户结购汇、转账、理财保险基金交易、改密、外汇纸贵金属买卖、就医挂号、各类缴费等业务因与移动支付类服务内容高度重合，在银行内部可被网上银行、手机银行替代，在银行之外则会被其他互联网金融产品替代。

现阶段中国移动互联网金融发展受到地域因素影响，表现出一定的地域差异，同时，老年人、中年人与青年人对新生互联网金融产品的接受程度具有很大差距，且这一差距短时间内不会消弭。因此，地区差异和年龄差异的存在，为自助设备扩大中、高替代性业务提供了错位发展空间，但应充分做好这些业务被其他线上渠道取代，相应非现金自助设备逐步退出的软硬件规划和准备。

（三）以柜台业务预处理为核心，改变网点交易模式，实现柜台最大限度"瘦身"

定位于服务网点客户、最大程度迁移柜台业务，除实现将上面提到的各类业务从柜台全流程完整迁移外，对于无法完整迁移的业务，还可通过建立"自助设备预处理交易＋柜台实物交付"的新模式，将现有柜台业务中交易操作与实物交付环节分离，再造业务流程，利用自助设备完成交易的大部分环节，仅将实物交付环节留在柜台，实现非实物交付环节的部分流程迁移，达到减少柜台占用和节约柜台资源的目的。

在网点应用"自助设备预处理交易＋柜台实物交付"业务模式的基础上，进一步实现"客户手机交易＋非现金自助设备介质交付""客户手机交易＋大额存取款设备现金交付""客户手机交易＋柜台实物交付"等新型业务模式，推动设备、柜台最终向集中处理介质、凭证、现金、票据、贵金属等实物类交付业务环节转变，从而达到柜台最大限度"瘦身"的目的，改变网点交易、服务乃至运营模式，在最大限度推进银行业务线上化发展的同时，实现网点自助设备的最大服务价值。

二、网点非现金自助设备硬件形态与产品规划

银行网点应该是以最合理形态设备为客户提供最优金融服务的场所，不能成为各类厂商设备的展示店和堆放场所。市场上各类非现金设备种类繁多、形态各异，因此做好设备硬件形态合理规划对每家银行都十分必要。

如上所述，由于自助设备可承载的三类非现金业务未来发展前景不同，不同种类业务的交易量占比不同，不同配置的设备体积、成本存在较大差异，银行必须对这些因素进行综合考量，结合自身特点，合理确定采购投放的设备形态。对于一家大型银行来讲，网点内较宜采用两种类型共三款形态的非现金设备：

第一种类型是全功能型立式柜机设备。该款设备硬件上应配置读卡及刷卡器、身份证鉴别仪、指纹仪、发卡模块及空白卡箱、移动认证工具发放模块及存储箱、存折打印机、A4 纸打印机等必要模块，支持各类插卡验密及凭身份证办理的业务，实现开户、开卡、手机银行和网上银行签约及移动认证工具发放、存折受理、账单流水打印，以及各类非实物交易功能。这种类型机具由于内部配置的是空白卡箱、移动认证工具存储箱、各类打印机等大体积模块，外观通常为立式柜机，占地面积较大。投放时以网点日均发卡、UKey/eToken 发放、流水打印、存折补登等业务量为主要依据进行配置，每家网点原则上仅配置 1 台。

第二种类型是简版功能型桌面嵌入式或桌面 pad 型设备。与全功能型设备不同，简版功能型设备除保留读卡器、身份证核查仪、指纹仪等必要模块外，可去除上述所有发卡模块及空白卡箱、移动认证工具发放模块及存储箱、存折打印机、A4 纸打印机等大体积模块，大幅缩小设备体积，变为可放置于桌面的小而灵巧型机具。简版设备功能上简化为仅处理前述的第 2 类和第 3 类不涉及凭证和介质发放的纯自助交易类业务，以及柜台业务预填单处理、柜台业务预处理和联动取号、开卡开户网银签约申请预处理等。业务流程调整为客户在简版功能型设备完成大部分操作后，再转移至全功能型立式设备上，完成最后的领卡、手机银行网银认证工具、存折等实物

交付环节。

银行可选择采购桌面嵌入式和桌面 pad 型两款不同形态设备。桌面嵌入式可在银行装修时与新采购家具配套安装使用。桌面 pad 型可在原已配置了相关桌台等家具的已有网点内使用，以充分利用网点内原有家具投入。两款实际为使用在不同网点内的同一类型设备，在一家网点内，仅需选择其中一款与全功能立式柜机设备组合，按照多台简版功能型设备＋1 台全功能立式柜机设备的形式，依据不同网点客户到店数量、业务量大小进行测算并投放。

三、网点内非现金自助设备配置策略

网点配置策略上，业务量较小、客户量较少的网点仅配置 1 台全功能型立式柜机设备即可，网点内仅占用一台设备面积，客户一站式服务体验最佳，银行厅堂服务人员需要最少，更加符合小网点的实际需要。

超过 1 台全功能型设备业务承载能力的网点，则可按照简版桌面式设备与全功能型设备组合的模式配置。由简版功能型桌面设备承担主要交易的处理，数量可根据网点业务量大小配置 1 台或多台；全功能型设备则隐藏部分交易功能，主要承担实物领取、打印等功能，原则上仅配置 1 台即可，突出客户在两类设备间产品流程协同的使用模式。相对于网点内全部配置全功能型设备，采取两类设备组合式投放、服务流程协同的模式，可大幅度降低成本投入，减少网点内设备的占用面积，最大限度发挥价格相对昂贵的介质和打印实物处理功能设备的利用效益，同时利用两类设备协同使用流程，促进网点厅堂内客户合理流动，避免客户在同一区域滞留，实现厅堂最优动线安排，提升客户整体服务过程体验。

四、移动外拓设备建设

受互联网金融与金融互联网双重分流影响，银行网点到店客户不断减少、获客难度持续加大，增强网点外出营销能力迫在眉睫。一段时期内，银行甚至提出要把网点从简单的"碉堡"变成"炮楼"的转型口号，强化网点主动出击导向。网点外出营销需要业务办理设备的支持,因此,自2012年起国内主要银行陆续推出了不同业务模式和形式的移动外拓设备,有效支持了基层网点外出拓展业务。

根据各银行的实践,移动外拓设备主要可以分为银行柜员操作笔记本和"客户自助+银行授权"使用模式的pad型终端两种形式。

中行与建行模式基本相同,使用集成式笔记本设备,外接POS机凭条打印或小型凭证打印机、密码键盘。采用柜台业务操作模式,最大限度复用柜台柜员、核准人员权限、现金重空、柜员日结账等基础控制功能。同时根据外出风险控制需要,单独建立系统设备管理机制,实现了移动设备的准入控制与可使用时间控制;增加了移动终端渠道交易范围维护控制,允许柜员在不改变其原柜员类型、系统权限的情况下,由系统自动控制其仅能办理本人权限范围内且移动终端渠道设置允许办理的交易。移动终端渠道允许交易的范围采用参数控制。总行、一级分行可分权限随时增删,实现了最大限度的业务范围灵活控制。但由于直接复用柜台交易模式,柜员办理业务时的操作流程并未优化。

工行、招行则推出了pad型移动终端设备。与普通家用pad不同,该银行pad型移动终端集成了指纹仪、二代证识别仪、读卡器、手写笔及手写板等功能,并可通过无线外接键盘进行输入。与建行、中行柜员笔记本最大的不同是此类设备采取"客户自助+银行授权"的业务操作模式,类似于网点内的智能自助设备。功能也主要包含了主要传统自助及授权认证交易,如个人开卡或开户账户,手机银行或网上银行签约及认证工具申领,各类查询,转账汇款,信用卡还款,分期、理财产品查询,个人风险评估,受托理财,结汇购汇,卡片激活,卡片功能设置,密码修改,个人资料维护,生活缴费,彩票购买等。

最新升级换代的pad型移动终端设备,则取消了外接卡箱、电子认证工具发放箱等大体积配件,设备更加小巧便于携带,外出时不再需要借助拉杆箱。银行使用这种新型pad移动终端设备的关键在于调整自己相应的系统业务流程控制,在开卡或认证工具发放过程中,设备自动读取外接卡箱内空白卡卡号或电子认证工具发放箱中的未激活电子认证工具编码,修改为开卡或认证工具发放时,由系统提示银行工作人员利用设备读卡器读取手中的空白卡或手工输入手中待使用电子银行认证工具的编号，系统再完成信息上送及开户关联等操作。空白卡或未激活的认证工具，则改为由银行外出工作人员外出时领用并采用方便适宜的方式携带，当日回行后须将剩余空白卡或未激活的认证工具立即缴回，系统自动进行当日客户领取数量及明细与银行工作人员领出使用数量及明细间核对，实现有效的空白凭证风险控制。通过流程小调整，无须再使用专用外接卡箱或电子认证工具发放箱，设备体积"大瘦身"。这恰恰也说明了在银行设备硬件选择规划中，自身业务流程研究设计的重要性和必要性。

通过以上两种业务模式比较可以看出，柜台业务模式的优点在于：一是支持业务功能广泛、扩展灵活，所有网点柜台交易可随时参数维护增加后立即使用；二是柜员直接使用，柜员权限控制、核准授权、重空管理、后督核查、凭证保存等均与柜台相同，行内各部门管理职责及制度覆盖无隙。缺点在于：一是客户仍需按柜台业务填单、输密及签字；二是柜员操作与网点柜台相同，交易时间长，仍需打印凭证、现场或远程授权。

"客户自助＋银行授权"模式的优点在于：一是客户自助操作，无须填表及签字；二是银行人员仅需参与部分需授权的业务，减轻了银行人员负担。缺点在于：一是新增功能需单独开发，实现周期长；二是高风险业务柜台模式改变成自助模式后，风险管控涉及银行内部流程调整，甚至是银行原有部门间职责划分的变动。

因此，两种业务模式设备可并行存在，互为补充使用。分行配置时以"客户自助＋银行授权"模式设备为主力设备，充分发挥客户自助操作、流程简便、体验良好的优势。以少量柜台业务模式设备作为备用补充，以弥补"客户自助＋银行授权"业务模式设备增加新功能耗时较长的不足，发挥随时增加业务优势，快速支持网点新外出拓展业务需要。

设备及功能产品升级建设时，柜台模式移动终端以硬件升级、提升通信性能、进行外设删减及小型化为主，不断提升设备便携性及通信性能。"客户自助＋银行授权"pad 型终端设备以功能扩充、流程优化为主，在充分发挥设备硬件便携性、易用性优势的同时，重点扩展可支持的业务种类，力求最大限度地简化客户操作，提升客户自助操作体验。

第五节　设备退出策略

现金 ATM 设备和非现金自助终端的机具类型从来就不是一成不变的，而是处于新机具类型不断加入、原有机具类型不断退出的迭代升级过程中。

ATM 设备首先完成了从以单功能取款机为主，到以存取款循环一体机为主的机具类型升级过程。2005 年前后，各银行的自助设备中取款机占比达到 90％以上，而目前网点内取款机已大部分退出，由存取款一体机替代了。

非现金自助终端设备由最初的查询机、缴费机、存折补登机等单功能设备，逐步被多功能自助终端机具取代。2014 年起，在各银行普遍兴起的新一轮网点智能化浪潮中，原有多功能自助终端机具也在迅速退出，被以"客户自助＋银行授权"使用模式为特征的新一代智慧型柜员终端机具替代。

在以往设备规模急速扩张过程中进行的机具类型迭代升级，更多关注的是新机型增配。虽然增配会导致网点设备类型和数量迅速增加，但因为客户使用需求旺盛而设备数量相对不足，设备增配基本上不会造成单台设备使用效率明显下降的现象。

但目前情况已发生了根本性的变化，随着网络技术及科技创新发展，客户金融需求呈现出去现金化、到店意愿下降、偏好移动支付、个性化程度增强等特征，金融交易线上化趋势已不可逆转。2018 年初，某媒体发现北京西单等很多地方布设的 ATM 机被悄无声息地搬走了，发表了《尴尬的 ATM 机：曾改变世界，如今正被无现金时代淘汰》的报道。在不可逆转的衰退期，不及时进行设备类型的升级换代，银行将更快地被客户抛弃。但如果还是采用老方法、老手段，只关注增配，而没有同步设计好原有机型设备的退出策略，则不可避免地会发生网点大量原有机型设备闲置堆积，甚至新投放机型设备使用效率低的问题。

在某种意义上可以说，相对于新设备研发增配能力，各银行在后续自助业务发展的衰退期中，将面临更大的设备规则管控能力考验。机遇和挑战并存，窗口期稍纵即逝，抓住时机提前进行升级规划，则可实现银行在这个领域服务的供给侧改革。在数量、机型、时间、空间上同步做出合理安排，把握好节奏，才能做到保服务、优效益的最优战略性退出。

一、2017—2018 年是难得的退出准备期时间窗口

如本书第一章图 1－3 所示，2010—2013 年全国 ATM 设备投放量基本以每年 25％左右的速率增长，2014 年增速虽略有回落，但 2015 年旋即迎来爆发式增长，增速达到 40.95％的历史最高水平，2016 年起增速迅速下滑至仅个位数水平，保有量增速明显放缓。根据最新统计数据，2017 年末我国 ATM 机保有量达到 96.06 万台，而 2012—2015 年间采购的设备至少占到全部设备保有量的 55.5％以上（考虑到每年新采购中还有部分设备是用于替代以前更早年度老化淘汰设备，并未形成增量，因此实际占比还会更高）。通常 ATM 设备的使用年限在 6 年左右，之后故障频发，需要报废更换，也就是说从 2018 年起全国 ATM 存量设备将进入大规模报废阶段。

因此在 2017—2018 年，提前完成新机型设备系统功能开发及采购招标等准备工作至关重要。在这两年中，如未能及时完成新机型设备软硬件准备，老机型设备到期后只能采取仍更换为现有机型设备，或者先撤出、不更新的策略。前者将导致新机型设备推出后，刚刚采购的原有机型设备马上过时闲置，造成资源浪费；后者将导致短期内过多设备撤出，服务能力减弱，客户加速流失。

从实践来看，农业银行在规划性及节奏把握上表现最优，2017 年率先开发并在广东地区完成大额存取款机规模试点。新开发的大额存取款机完全覆盖了原有 ATM 设备功能，为 2018 年起全面进行 ATM 设备机型升级奠定了良好的基础。同年，多数银行仅能采取数量退出策略，而无法同步实施设备升级换代策略。

二、机具类型退出策略

（一）退出应遵循的基本原则

衰退期的现有类型机具退出与新类型机具替代必须统筹规划、进退并举，

才能达到银行成本效益与客户使用体验最优的效果。结合实践经验，宜按照"三宜三忌"的原则进行。

一是新设备功能设计上，宜全部兼容旧设备功能，忌旧设备功能无法被替代。否则将造成旧设备无法随新设备投放及时退出，网点设备堆积。而旧设备的继续存用，也会在一定程度上拉低新投放设备的使用效益，增加整体运营维护成本。

二是新设备硬件形态设计上，宜谋远而动，忌缺胳膊少腿，不停加款。如果新设备开发投放前，没有做好硬件配置的研究规划，则随着后期功能需求的不断增加，就不得不持续增加新的设备款型，造成网点设备过多，而每台使用效率都不高。

三是网点布放节奏上，宜循序式废旧进新，忌运动式增配、一刀切处置。运动式增配往往意味着短期内几亿元的大规模投入，而处置回收时，就算是投放使用时间很短的设备，厂商回购价通常也就在100～300元间。一刀切式处置虽然解决了新设备运动式大量增配后网点内旧设备堆积闲置的问题，但实际上却是对银行资产的不负责任与浪费。

（二）现金ATM设备退出策略

进行软件功能开发时，大额现金存取款机应在兼容现有存取款一体机全部功能的基础上，增加大额人民币处理功能。同时开发有人和无人服务模式，支持网点授权人员排班计划参数化设置，系统自动根据已设置的排班计划参数，有人值守时全功能服务；无人值守时自动屏蔽须工作人员授权的功能，仅提供传统存取款一体机的纯自助服务功能。

进行硬件设备采购时，则应完全停止原有存取款一体机的采购，实现仅采购大额现金存取款机。布放时首先停止离行新设备分配，新设备仅用于网点内布放，离行式新增设备需求则采用网点内因交易量不足而迁出或因新设备布放而替换下来、但又尚未到达报废年限的旧型号设备满足，将离行式布放作为网点旧设备的消化渠道。

网点区分为三类情形，分别采取不同的设备更新策略：一是原有存取款一体机到期需报废的网点，直接按照大额存取款机可支持业务量测算配置，实现质升量减。例如网点内原有3台存取款一体机已到期即将报废，而根据业务量测算，仅需 2 台大额存取款机即可满足已减少的小额现金等交易需要和增加的大额现金交易需要，采取撤 3 进 2 形式替换，既解决了设备升级、服务能力提升的问题，也解决了原有设备交易量下降、负荷不足的问题。二是原有存取款机尚未到报废期限，但柜台可迁移大额现金业务达到标准的网点，则可先将原有机具撤出补充离行设备报废更新需要，然后直接按照大额存取款机可支持的业务量情况测算配置大额存取款机设备，达到进一步迁移柜台业务、提升设备使用饱和度的双重效果。三是原有存取款机尚未到报废期限，且柜台可迁移大额现金业务达不到标准的网点，则暂不更新；待设备到期需报废时再按第一类情形更新。

（三）非现金自助终端设备退出策略

1. 网点内设备升级退出

新非现金设备规划研发时，也应注意首先覆盖原有机型设备功能。网点内的原有非现金设备更新也应按照上述 ATM 设备更新原则进行，但原类型设备到期报废或可将原有设备迁出进行新类型设备配置的网点，应注意进一步根据业务量进行测算区分：业务量小的网点仅配置 1 台全功能型立式柜机设备；业务量大超过 1 台全功能型设备承载能力的网点，采用简版桌面式设备与全功能型设备组合的方式投放，其中简版桌面式设备按业务量大小配置 1 台至多台，全功能型设备仅配置 1 台。既要避免装新不撤旧、交易量摊薄、设备闲置，又要避免新型设备功能形态规划不清、款型过多，造成网点投放时选择困难或新设备堆积。

2. 原有离行式非现金自助终端设备原则上由移动外拓型设备取代

现有交易频率较高，或有营销、助农等特殊用途的离行式设备布放需求，可由网点退出的原有机型设备补充解决；其他交易频率极低的原有离行式设备达到报废年限后，直接报废退出不再更新，减少人员及网络、用电等维护运营成本支出。

三、机具数量退出策略

从整体上看，ATM 自助渠道的业务量变化，与银行外部移动支付的发展和银行内部手机银行、网上银行等线上渠道的发展呈现出高相关性。艾媒咨询（iiMedia Research）数据显示，2017年中国移动支付用户规模达到5.62亿人，较2016年增长21.6%；移动支付交易规模达到202.9万亿元，较2016年增长28.8%[①]，移动支付渗透率不断提升。客户在线下实体店购物时使用移动支付结算的比例已达50.3%[②]。中国银行业协会发布的《2017年中国银行业服务报告》显示，2017年中国境内银行网上银行交易达1 171.72亿笔，同比增长37.86%；交易金额达1 725.38万亿元，同比增长32.77%。其中，手机银行交易达969.29亿笔，同比增长103.42%；交易金额达216.06亿元，同比增长53.7%。同时，中国人民银行发布的《2017年支付体系运行总体情况》显示，截至2017年底，国内ATM机保有量为96.06万台，较上年92.42万台仅增长了3.94%，较上年增速下降2.69个百分点。根据各银行年报公布的数据，工、农、中、建四大银行，2016年末ATM设备合计量为37.42万台，达到历史最高水平；2017年末、2018年末则分别下降到36.05万台和32.05万台，已普遍开始削减设备布设数量。

对于一家全国性的大型银行来讲，除加强全国规模总量控制和分行区域间规模结构的调整外，还应加强微观层面数量退出的管理。微观层面的机具数量退出，宜遵循"先减量再撤点""撤劣不废增优"的原则。

"先减量再撤点"。"点"是确保服务辐射范围和客户便捷度的关键，而目前各离行式自助银行内通常设备配置在3~4台；网点内现金及非现金设备配置平均6~8台。因此在设备交易量下降、使用不饱和的情况下，应优先减少单点设备配置数量，通过减少设备数量提高剩余设备交易量。离行式自助银行，首先全部撤除使用效率普遍极低的非现金设备，现金设备数量减少至1台后，仍然低产不能覆盖运营变动成本的，原则上也应果断退出，即进行撤点，以避免不必要的房屋租金、网络费、电费、人工费用等运营运维成本。网点内，ATM现金设备撤除时可保留1台提供最基本的存取服务；非现金设备，先从减少简版桌面式设备数量入手裁撤，逐步减少设备数量，提升剩余

---

① 艾媒咨询.2017—2018中国第三方移动支付市场研究报告.［2018－04－24］.https://www.iimedia.cn/c400/61209.html.

② 孙璐璐.惊人数据：移动支付将颠覆刷卡支付的主导地位.［2018－10－07］.http://finance.ifeng.com/a/20171007/15710758_0.shtml.

设备台均效能，直至最后仅保留 1 台全功能型非现金设备。

"撤劣不废增优"。虽然在逐步衰退的过程中，进行有策略的设备退出是主要任务，但是并不意味着不再进行新的选址增设。网点内设备将随网点的搬迁实现撤劣增优。在控制离行式设备总量规模的同时，也要通过科学的选址方法，不断优选新点，从而保持离行自助设备对网点的辐射补充和渠道支撑作用，但原则上仅通过迁址现有低产离行设备，或使用网点内减撤设备的方式进行配置，最大限度减少增量成本投入。

第 四 章

网点发展与服务销售流程管理

第一节　网点发展与转型

一、银行网点发展研究的主要问题

研究网点的发展总是离不开"要多少、在哪设、什么差别、怎么服务"这几个问题。"要多少"是总规模收缩还是扩张问题，"在哪设"是布局问题，"什么差别"是网点类型结构问题，"怎么服务"是运营模式问题。

银行网点的规模和布局是银监会统筹计划和管理的重点，增设和跨区迁址等，一直采取严格的计划审批制管理。对于具体的商业银行而言，收缩还是扩张，网点规模和布局规划的研究、判断和调整，都关乎银行的根本和长远大计。

近年随科技以及新金融业态的悄然崛起，银行网点物理渠道的优势迅速削减，全行业网点规模增速陡然下滑。根据中国银行业协会对外发布的《2017 年中国银行业服务报告》显示，截至 2017 年末，全国银行业金融机构营业网点总数达到 22.87 万家，其中新增营业网点 800 余家，总量虽然仍在增加，但与 2016 年 3 800 多家新增营业网点相比增幅已减少近 80%①。2018 年银行业协会未公布全行业数据，据相关媒体报道，截至 2019 年 2 月 11 日，登记在册的全国银行物理网点 22.86 万家②，与 2017 年末相比，总量已出现下滑。但从具体的每家银行的情况来看，每年设、撤的调整幅度其实不大，变动总量占现有网点总数比例很低。

近年来各大银行的网点数量变化幅度也同样较为有限，大型银行整体上处于网点发展策略的调整期，总量规模呈现出一定波动，略有分化趋势。如

---

① 我国银行业金融机构营业网点达 22.87 万个．［2018－05－15］．https://www.xinhuanet.com/2018－03/15/c_1122542256.htm.

② 2018 年末银行业金融机构 4 588 家．［2019－04－19］．http://finance.eastmoney.com/a/201902191046736312.html.

表 4-1 所示根据各银行年度报告公布数据，四大国有商业银行中，中国工商银行自 2014 年起率先开始缩减网点规模，随后每年均在压缩，至 2018 年末已累计减少网点 1 247 家。中国农业银行从 2017 年开始裁撤网点，2 年时间减少网点 301 家。中国建设银行和中国银行呈现小幅波动，2018 年网点数量均较上年出现上升。

表 4-1　2011—2018 年四大国有商业银行网点数量

单位：家

年份	2011 年	2012 年	2013 年	2014 年	2015 年	2016 年	2017 年	2018 年
中国农业银行	23 461	23 472	23 547	23 612	23 670	23 682	23 661	23 381
中国建设银行	13 581	14 121	14 650	14 856	14 945	14 985	14 920	14 977
中国工商银行	16 648	17 125	17 245	17 122	16 732	16 788	16 092	16 004
中国银行	10 225	10 521	10 682	10 693	10 687	10 651	10 674	10 726
总计	63 915	65 239	66 124	66 283	66 034	66 106	65 347	65 088

资料来源：中国农业银行、中国建设银行、中国工商银行、中国银行 2011—2018 年年报。

银行网点类型结构，其实是一家银行内部网点分类和差异化建设管理情况的体现。一家银行的网点由于所处位置环境、客户结构的不同，自身规模、业务种类、特点等也存在不同，最终反映到网点效能上就产生了巨大差异。为减少低产低效网点，提升网点整体效能，不同时期都会按照不同的标准，将网点进行分类，然后提出每类网点建设数量目标，以促进整体网点的结构向当期阶段设计的最优结构转化。2005—2006 年前后，各银行通过理财区建设、营销人员配置等，推进交易操作型网点向营销服务型网点转变。2013—2014 年，部分大型银行通过对公产品下沉等策略，推进基础功能型网点向全功能复合型网点及特色网点转变。同期，小型股份制银行大举增加社区银行模式网点，快速形成服务网络，弥补机构数量少的短板，甚至实现弯道超车。受到股份制银行扩张冲击压力，社区小型网点也迅速成为大型银行渠道研究的热门关键词。根据《2014 年度中国银行业服务改进情况报告》，截至 2014 年末，全国共设立社区网点 8 435 个。2015—2018 年，大型银行相继以网点智能化建设为契机，实施新的网点差异化建设策略，呈现出推动网点向旗舰型网点和轻型便利店网点两头转型的趋势。值得注意的是，同期股份制银行的社区银行经营困境开始显现，多地批量关停网点，剩下的大多也是门可罗雀。虽然每家网点只有 3～4 名员工、面积较小，人工成本和租金成本都已大幅度缩减，但多数社区银行网点也只是在赔本赚吆喝。据 2018 年 1 月相关报道统计数据，最近 4 个月内关停的银行社区支行和小微支行已占到同期关闭所有银行网点的一半以上①，曾经社会热捧的社区银行正在呈现出新一轮的"抛弃潮"。股份制银行的社区银行网点战略从当前来看，已基本被证明是失败的，大型银行对此需特别关注，加强研究，审慎推进自身网点的轻型化结构转型。

"要多少、在哪设、什么差别"三个问题非常重要，但每年只影响到很小比例的网点变动。相比较而言，"怎么服务"运营模式的研究是影响所有存量网点的问题，对一家银行影响更为巨大，对客户来讲得到的服务感觉更加直接，所以也更为重要。

综合各种影响因素来看，设备和人是改变银行网点运营最直接和最有效的两大关键要素。以机器取代人工，新型硬件设备的投放直接改变了网点的交易模式、厅堂布局设计和外观形象。网点内人员队伍的改变和配备，则直接影响和改变着每一网点的销售与服务流程，造就网点的竞争软实力。"软硬兼施"不断创新，才能使银行的每一个网点外具形、内具神，在向社会、向客户提供最优质服务的同时，实现银行自身成本效益的最优化。

二、网点转型的根本问题

客户需求和竞争环境的猛烈变化使银行面临巨大的发展压力，同时金融科技手段的层出不穷为银行提供了难得机遇，在压力和机遇的共同作用下，银行一直具有寻求突破的强烈意愿，努力推动自身网点进行转型。

网点转型包括方方面面的工作：网点功能定位转型、硬件设施建设转型、业务流程优化再造、各条线产品转型、人员及服务模式转型、考核机制转型，乃至组织机制转型。不同渠道整合规划等，是个庞大而长期的系统性工程，不同银行的理解和重点转型内容也不尽相同。

纵观国内银行实施网点转型的过程，就会发现前后两轮大规模网点转型存在不同。第一轮大转型主要是新业务发展战略目标驱动。改革开放经济起飞，使大型银行不约而同制定了发展个人中高端客户业务的新零售业务战略，

---

① 银行业"去柜台"加速：近 4 月逾百家社区小微支行关停．［2018－05－29］．http://finance.qq.com/a/20180129/002308.htm.

为了满足向中高端客户提供差异化服务的新战略实施需要，从网点空间布局改造开始，同步实施柜台业务迁移、配置理财经理、大堂经理专业化人员队伍，进行 KPI 考核，购建多级财富服务体系等各类资源配置调整。正是通过这轮的网点转型，零售业务实现了高速爆发式增长，成长为大型银行具备独特战略意义的基石性业务。目前正在进行的第二轮智能化大转型更多是受成本压力驱动的。随我国整体经济进入新常态，同时受到互联网金融快速崛起的严重冲击，再加上利率市场化等影响，银行盈利空间大幅收窄、支撑单位利润所需的资本增加。网点效能下降压力，使得银行更多转向成本压降，依托最新的金融科技手段，智能化与构建精益运营成为银行第二轮网点转型的显著特征。中国建设银行、中国银行、中国农业银行纷纷将渠道与运营部门整合，以破除内部部门壁垒，统筹推进网点智能化改造、劳动关系重组、集中处理中心建设等转型工作。但必须看到，这一轮次的网点转型实际上主要由提效率、降成本驱动，并不能从根本上解决银行网点的发展问题，客户也不会单纯为了体验银行最新应用的金融科技而重新回到网点，大型银行网点转型所需解决的根本问题和任务，始终还应该是寻求新的业务战略增长点，围绕新战略实施各类网点资源的配置调整。

未来网点发展的突破口在什么地方呢？2017 年 11 月，著名咨询公司麦肯锡发布《全球银行业报告（2017）——凤凰涅槃：重塑全球银行业，拥抱生态圈世界》，指出"数字化＋生态圈"是银行转型的必然路径[1]，提出基于银行具体的线下网点服务等独特优势，2018 年中国银行业应加快布局生态圈，而实现生态圈的精髓，是通过场景＋金融的方式服务客户端到端的金融相关需求[2]。每个网点都处于一个生态圈当中，银行数字化转型不仅是限于提升效率和进行客户分析、改善客户体验，更应该是利用数字化分析技能进行每家网点周边环境、辐射人群的特征求性分析，从而构建与每家网点最相适宜的场景。也只有全面进行网点资源环境的数字化分析，才能破解什么样的网点应该做什么样的业务、什么样的区域应该建设什么样差异化网点等难题。可

---

① "数字化＋生态圈"已是银行业转型必然路径．［2018 - 07 - 19］．https：//m. sohu. com/a/205343785_100065989.

② 麦肯锡：中国银行业布局生态圈正当时．［2018 - 08 - 16］．http：//www. 199it. com/archives/760960. html.

以大胆推测，银行加快完成第二轮网点转型优化成本控制的阶段性历史任务后，第三轮网点转型会重新转为业务统筹驱动，将有助于各类网点资源紧紧围绕新场景建设战略目标高效调整配置，同步完成全新客户关系维护模式、营销模式构建，才能真正将每家网点都打造成周边生态圈的中心，实现网点再次全面转型。

第二节 网点的两次关键转型与自助设备升级

一、网点第一次关键转型：ATM 存取款机

改革开放后，随着经济发展，社会财富增加，客户的金融需求迅速增多，国家实施"让一部分人先富起来"政策，使银行发展中高端客户业务以实现更多盈利的驱动力迅速增强。在物理渠道为王的年代，银行经营的渠道主要就是网点。但传统的银行网点建设模式与新服务需求之间的矛盾日益突出，银行越来越意识到原有网点以封闭式柜台为主的内部格局，严重制约了银行网点营销能力和服务水平的提升。这种旧式网点格局导致封闭式柜台和后台办公区占用面积过大，没有或缺少对中高端客户提供服务和营销的空间及设施；网点内部没有明确的营销信息发布区域，也导致营销宣传品摆放不规范；工作人员都在封闭式柜台内为客户提供服务，交流少，难以开展主动营销；等等。

设备改变了网点厅堂分区布局。早期网点内的 ATM 设备只有取款机且数量很少，但到了 2005 年，成熟的日立等一体机及技术进入中国，银行终于寻找到将传统柜台上业务量最大、交易最频繁的存款、取款业务进行迁移的有效方法。一场零售业务转型、网点服务销售转型的大幕，从物理网点的硬件设施转型开始徐徐拉开。从中国银行网点形象标准化，到建设银行的"蓝色风暴"、农行的"绿色风暴"、工行的 8N 财富管理中心，各大银行都最先从改变网点硬件格局开始，推开了有别于传统交易型网点的新型网点建设转型。

在这一轮的网点硬件格局大转型中，ATM 自助银行成为网点的标准建设分区并被规划为客户入门的第一分区。在利用 ATM 自助设备迁移基础存取款业务，实现最大发生量业务离柜处理的同时，银行开始大规模减少网点内封闭式柜台数量和后台办公区占用空间，从而腾出网点空间，增加厅堂营销、开放式柜台、理财中心或财富中心等新功能分区，努力把尽可能多的网点空间资源改为用于服务中高端客户。从某种意义上讲，ATM 存取款机支持并带动了银行网点第一次关键转型。

人改变了网点服务模式。在这阶段的网点转型中，银行在大幅度缩减柜台、减少柜员配置的同时，重点增加了两个销售岗位：大堂经理和理财经理。其中大堂经理是银行和网点的形象代表，是营业网点各功能服务区相互协作的枢纽，是网点发掘中高端客户、疏导和分流客户的具体执行人，是实行差异化服务的必备岗位。大堂经理主要以设备使用率和重点业务离柜率作为考核指标。理财经理则是服务中高端客户的专业人才，是维护中高端客户、销售银行产品的重要力量。以改变对所有客户提供无差异服务方式为目标，银行通过在网点增配这两支专业人员队伍，对中高端客户和大众客户进行适当区分，向不同层次的客户提供不同类型的专业服务，集中优势人力资源促进网点向中高端客户差异化服务模式转型。

二、网点第二次智能化转型：自助十授权模式非现金设备

2013—2014 年，新技术与互联网金融蓬勃发展，客户行为发生改变，银行明显感受到各类非银金融企业冲击带来的巨大压力。面对单个网点的收入和利润增长乏力甚至下降，而成本压力不断上升的严峻形势，银行迫切需要网点更加精准地识别客户进行营销，减少交易操作人员来充实营销力量，进一步降低网点整体营运成本、提高销售能力。

在第一次银行网点转型中，大量的非介质类交易已迁移到手机银行、网上银行渠道和传统自助终端设备办理，现金交易已迁移到 ATM 渠道办理，柜台上业务已大多集中在交易风险控制难度高，前中后台投入资源多、办理流程烦琐、客户满意度低的见证类业务上。例如开卡、开户、开通手机银行、开通网上银行、修改客户资料等，这些业务均需银行严格核查客户身份证后办

理，柜台交易流程多、操作复杂，银行柜员熟练掌握业务难度大，因此银行柜台人员占用多，银行投入高、差错率及风险控制难度高，而业务办理效率低，客户则普遍感到业务处理慢、排队时间长，因此满意度低。"两高两低"业务成为网点转型的"痛点""堵点"。

远程视频柜员机（Video Teller Machine，VTM）设备的出现，引发了第二次网点智能化转型。2013年广发银行在全国布放了4台VTM设备，首次推出了轰动业界的"24小时智能银行"概念店。通过VTM设备将客户本地自助操作和远程座席协助相关结合，客户在本地终端进行操作，银行座席通过实时视频远程完成客户身份审核和授权，首次实现了开卡、手机银行签约、贷款申请等需审核客户身份、交付实物业务的离柜处理。VTM设备一出现，就被当时银行业界称为能够独立支撑起一个迷你营业厅，区别于传统自助设备的智能型设备。客户也体验到了这一点，以前只能在网点柜台办的业务突破了银行网点营业时间限制，不用在柜台排队，只要拿出二代身份证，在VTM设备上一放，就能进入申领储蓄卡或其他服务的界面，同时会出现客服人员的真人视频，"面对面"服务客户，使客户感受到了完全不同于银行传统柜台的科技智能感和高效快速感。于是，全国各银行纷纷尝试投放，至2015年初，VTM设备布放量迅速达到几百台。但随着投放规模的扩大，VTM设备的弊端呈现出来：首先是投放成本巨大，除一次性几千万甚至上亿元的中台业务管理系统和座席管理系统建设费用外，厂商逐台、逐座席收取的license费用，也使银行倍感成本压力。其次是规模效益不显著，初期预测1名座席员可承载4~6台前端设备服务，但银行实践后发现1名座席员仅可承载约2~2.5台前端设备服务，再加上增加的设备运营人员，人力没能节省，成本还上升了。2015年12月25日，人民银行印发《关于改进个人银行账户服务加强账户管理的通知》，给了VTM设备应用致命一击。《通知》要求：通过远程视频柜员机和智能柜员机等自助机具受理银行账户开户申请，银行工作人员现场核验开户申请人身份信息的，银行可为其开立Ⅰ类户；银行工作人员未现场检验开户申请人身份信息的，银行可为其开立Ⅱ类户或Ⅲ类户。而Ⅱ类和Ⅲ类银行账户功能受到很多限制。那么问题来了，哪位客户人都到了网点，还愿意接受只是开一个很多地方不能使用的账户呢？客户用脚投票的结果就是这种远程视频服务设备，昙花一现般退出了网点发展的历史舞台。

VTM 设备的尝试虽然失败了，但智能化的思路已经被打开，银行的需求吸引来了更多的设备制造厂商。致力于解决银行客户身份证核验以及银行卡、电子银行认证工具等实物凭证发放处理难题，同时又去掉昂贵复杂远程视频模块的低成本自助终端设备迅速应运而生。这类新型自助终端设备由于不涉及现金处理，所需技术门槛非常低，短期内就吸引了大量厂商，而厂商间的激烈竞争更是很好地满足了银行降低成本和定制化两方面的需要。很快，中国农业银行推出了超级柜台，中国建设银行推出了 STM（智慧柜员机），中国工商银行推出了智能处理终端＋产品领取机＋授权 pad 的组合包，中国银行推出了智能柜台。随着这些设备的规模布放，银行网点的第二次关键转型——智能化转型真正启动。纵观各家银行的网点智能化历程，可以说自助＋授权模式的非现金设备出现，支持并带动了银行网点智能化的第二次关键转型。

兼具授权交易和营销职能人员的出现，再次同步改变了网点厅堂服务模式。由于"自助＋授权模式"设备的大量投放，现金封闭式柜台被进一步减少或改为弹性柜台，银行网点厅堂内除了承担分流客户、挖掘营销职责的大堂经理，又增加了兼具智能机具交易授权和客户挖掘营销职责的新大堂服务人员，网点的营销人员职责进一步细分，营销力量大幅度加强。

三、带动下一次转型的是什么？

这个问题虽然还没有确定的答案，但是预计极有可能会在新交易功能设备和营销交易功能兼顾型两类设备中出现。

交易功能设备方面，大额存取款机及外币存取款机作用较大，但对公型业务机具作用有限。大额存取款机及外币存取款机对于网点转型的重大意义主要有两点：一是支撑原储蓄型小网点向无高柜轻型化网点彻底转型。随着客户到店比率不断下降，缩减网点面积、减少低产网点人员占用，推进到店客户稀少的原储蓄型小网点进行轻型化改造，已成为银行控制成本的主要措施和趋势。但是如果没有大额存取款机和外币存取款机，仅依靠现有的 ATM 现金处理设备和智能非现金设备，轻型化改造时一旦撤除全部高柜就会造成基础客户服务过分缺失，存款过多流失。反之，如果有这两种设备，就可有效满足个人客户的基本服务需要，从而使网点舍弃高柜实现彻底轻型化转型，同时兼顾保持现有客户和存款等基本稳定成为可能。二是促进普通型网点进一步向销售顾问职能转型。经过第一次和第二次转型中专业销售队伍的建立和加强，网点营销人员占比已大幅度提升，但交易操作和内部风险防控等非营销人员依然占到 50％。因此，投放大额存取款机替代现有 ATM 机，视网点情况增加外币存取款机，可更加有效地迁移柜台主要业务，实现精减柜台交易人员占用，充实网点营销服务力量，从而促进网点向客户关系维护和复杂产品销售转型。

营销交易兼顾型设备前景看好，但纯营销互动型设备意义不大。交易和营销是网点转型的两个关键方面，交易是银行头疼的问题，而营销是银行希望的转变，两个方面银行都迫切希望寻找到更先进、更有效的工具支撑。在 2013—2014 年网点谋变智能化的浪潮中，除了以"客户自助＋银行授权"使用模式为特点的智能交易设备外，各家银行还争先恐后地投放了智能互动桌面、探索墙、大堂聊天机器人、3D 贵金属展示机、网银体验机及客户体验用 pad 或手机等新型客户体验互动类营销展示设备，模仿苹果、微软等公司做法打造体验店式网点，但是在短暂的媒体宣传喧嚣和眼球效应过后，就会发现大多数展示的设备实际使用效率很低、闲置情况普遍、投入浪费严重。究其原因，这些设备均与客户到网点的最主要目的——完成某项业务办理无关，也不是银行网点人员实际工作中必须使用的工具，新设备反而增加了使用的不便和客户相关问题解答的难度。客户和银行人员都缺乏使用的主动性，设备闲置情况自然在所难免。从实用性角度来看，这类设备可以少量布放，满足舆论宣传需要即可，并不能支撑和带动网点的关键转型。

因此将营销与交易功能有机嵌套，让客户或银行网点人员在日常服务销售流程中有必须使用的场景，才能使客户和银行人员顺利度过新设备不适应期。这方面比较成功的案例是工商银行的大堂人员手持 pad 设计。该银行 pad 应用流程设计以智能终端发生业务的授权交易为主线，营销辅助功能串联授权功能，顺势展开。将 pad 应用嵌入到智能终端设备交易和产品领取的环节当中，既解决了终端设备硬件合理规划、最优配置的问题，又使得 pad 嵌入自助设备见证类业务的交易过程，成为必不可少的使用环节，使得银行大堂人员日常工作就必须使用 pad，从而也保证了该设备的使用率、设备营销支持功能的发挥。反之，其他银行的类似大堂经理手持 pad 设备，其开发应用以客户到店取号为场景主线，按照取号客户通知识别、产品签约信息展现，大堂经理根据客户情况及热销产品等信息开展简单营销，辅助客户填写柜台业务预填单，向客户经理转介有价值客户。虽然营销支持功能强大，但由于大堂人员不使用 pad 并不影响客户取号至柜台办理交易，大堂人员实际日常工作中缺乏使用 pad 主动性，多数设备登录很少，闲置严重。再例如某银行智能终端设备间无交易协同的流程设计，却仅从强调客户交易一站式完成角度出发，也学习中国工商银行采用 pad 授权，设备投产后实际效果相较工行逊色很多，甚至有网点提出还不如采用机具端授权方式简便快捷。知其然更要知其所以然，不盲从、不追风，正确规划并投放设备，以最小投入取得最优效果，才是实现网点真正意义上智能化转型的关键。

第三节　网点服务销售流程与客户体验管理

一、网点整体性服务销售流程

与传统银行视角的网点业务操作流程不同，网点服务销售流程更关注如何接待客户，怎样在服务客户、满足客户交易需求的过程中增加销售，怎么做到最优调配人力、强化员工责任心等，强调的是以客户服务为界面、以客户为中心，给客户新的服务体验和为客户创造价值、为银行盈利。随着市场竞争的加剧，网点服务销售流程变得越来越重要，成为构成一家银行核心竞争力的软实力。

网点服务销售流程首先是整体流程的设计再造问题。这个问题在以前并不是问题，因为不管对公客户还是对私客户都在柜台办理业务，不管是什么种类的业务都由网点完成。但是随着 ATM 自助设备承载的业务量超过柜台，尤其是智能型非现金和现金设备的全面应用，集中化操作中心建立，网点服务销售流程的整体性设计就变得非常重要了。

依照前台、中台、后台分离的原则，分类持续进行撤销、集中、精简和自动化的评估，不断审视网点交易主体的规划在哪里，由什么人承担？销售主体的规划在哪里，由什么人承担？问题的答案将直接影响到网点微观层面的具体服务销售流程设计，也将直接影响到网点空间布局设计、人员配置等。

（一）网点交易服务流程转型

公司业务和个人业务的特点不同，总结不同银行成功经验可以看出，实际上智能型自助设备的投放，主要改变了个人客户的服务流程，对公司客户影响较小。反之集中作业中心的建设对公司客户的服务流程影响巨大，而对个人客户服务流程影响有限。研究并明确这两者的基本关系，分别加强这两种方向的建设，才可实现对网点的服务销售流程进行整体性转型和优化。

1. 将网点个人业务的交易处理主体从柜台转为厅堂

以设备投放＋厅堂服务人员调整，实现网点主体服务流程改变。如前所述，重点是将原有机具升级换代为兼具纯客户自助交易和"客户自助＋银行授权"的复合功能智能型现金、非现金设备，大力扩展各类以个人客户身份核查为特征的交易业务。由于网点柜台业务的主要比重是个人业务的交易处理，因此依靠智能型设备投放和功能扩展，就可极大程度上实现网点主体服务流程的改变。根据现有柜台业务结构及业务量测算，复合功能智能型设备投放后，柜台业务可进一步减少20％以上。

同时，增加现有智能自助终端设备的柜台业务预处理功能，也对实现网点交易处理主体的转移具有重要意义：一是通过预处理将柜台复杂业务转换成简单业务，柜员交易操作大幅度简化，进一步迁移柜台交易。例如目前客户仍需填表申请、柜台办理耗时较长的结汇取现业务，如果客户先在自助设备上完成结汇，再联动取号至柜台，柜台业务就变成办理速度很快的简单取现业务了。多面额现金购汇、现金汇款、存单办理等个人业务，也都变成客户先在智能柜台设备完成相应信息填写，再至柜台完成现金、凭证的交付核验后，系统自动完成相关交易处理，这就大大缩短了柜台的业务办理时间，降低了柜员操作复杂度。二是实现将智能型自助终端转型为对公业务留交受理前端，对接后台集中作业平台及中心。

将厅堂自助设备打造为网点绝大多数个人业务和部分对公业务留交的主体渠道，也将带来网点交易服务流程和人员配置模式的再次根本性转型。

2. 后台集中处理是实现网点对公业务交易模式转型的关键

对公业务的智能化和交易承载主体的转移不能靠网点自助设备解决，而需要靠后台集中作业解决，这也是由对公业务的特点决定的。与个人客户绝大多数业务都需要即时办理即时交付、客户希望即来即办少停留不同，网点的大多数公司业务都属于留交办理模式。占公司全部业务量80％的票据业务、开户业务等，都可由银行初步检查受理，客户离开后银行再进行处理，最后通过电子回单等方式完成对账即可。因此网点对公业务应尽量简化为仅保留受理接单环节，柜台浓缩为以对公留交型业务受理为主，实际业务处理则从网点剥离，通过建立后台集中作业平台高效完成各类处理操作。

好处在于：一是大幅减少网点柜台对公交易处理人员，同时降低人员培训成本，实现网点柜员简单培训快速上岗。二是从根本上解决网点多个系统、多个业务岗位要求权限不兼容问题，为现有网点人员复用创造新条件，破解网点人员配置难题。三是可充分利用外包方式，提高处理效率、降低人工成本。

上海某银行对公业务集中后，网点对公业务操作量下降了约80％，作业中心内银行自有人员仅20人，而根据业务量灵活配置外包人员大大降低了银行人力成本。并且未来还可将远程进行网点柜台业务授权的后台集中授权中心人员与集中作业中审核环节人员整合复用，实现现有银行后台集中处理人员的更集约化使用，进一步降低人员成本。

通过智能自助设备布放和集中作业平台建设两种手段，将厅堂智能终端设备打造为绝大多数个人业务处理和少部分对公业务留交的主体，将集中作业平台打造为绝大多数对公业务和批量个人业务的处理主体，在交易服务流上实现厅堂对柜面交易的向前抽离效应，以及后台集中中心对厅堂和柜面交易的向后剥离效用，最终将实现网点现有交易服务流程的再次重大转型。

（二）网点销售服务流程转型

对个人客户服务而言，在上述交易服务流程转变的基础上，未来网点大量柜台交易人员走出来，转型为带有营销服务职能的自助设备交易授权人员，将使网点厅堂进一步转变为长尾客户批量销售和高端价值客户发掘的主战场。

理财经理则通过更加个性化、定制化、专业化的服务，专注于从厅堂推荐过来的潜力高端客户价值挖掘和个人高端客户关系维系，成为个人高端客户价值创造的主渠道。

与个人客户需占用工作或休息时间不同，公司业务负责人员到银行办理业务也是工作，对在网点的停留时间相对不敏感，容易沟通。除此以外，到网点来的对公客户还有不同特点：很多小型尤其私企老板自己到银行办理业务，具备决策权；而大型企业到银行网点办业务的一般是财务人员，掌握较多信息但不具备决策权。基于对公客户的这些特点，网点对公销售更宜转变为中小型企业销售和大型企业的信息挖掘转介，大型企业的客户关系维护与销售则应由上级支行、分行专职客户经理、产品经理负责。

通过上述人员配置和流程调整，最终可形成网点内厅堂＋理财经理的个人客户销售流程，和网点＋分行各有侧重、合理分工、衔接无缝的公司客户销售流程。两者共同构成更加符合网点实际情况、因客差异化的对私对公整体性销售流程。

必须强调的是，交易服务流程与销售流程并不是割裂的，而是一个水乳交融的有机整体。两者共同构成了银行网点的客户服务流程，在交易的过程中发现并促进销售，反过来销售最终还需要通过实际的交易实现并完成，因此从这个角度来讲服务销售流程也更加需要整体思维和统筹设计。对网点来讲，明确其在个人和公司客户交易和销售服务中的不同定位，做到主次分明，才能合理并最大限度发挥网点作用，这也是服务销售流程应首先进行整体性顶层设计的重要原因。

二、网点具体性服务销售流程

网点位于客户服务和市场竞争的最前沿，也是客户认同银行服务、与银行建立信赖关系的基点，现阶段还是多数银行线上渠道的主要获客来源，因此网点仍是各家银行创造经营业绩和发展的根基。银行网点任务重、压力大，市场竞争激烈，各岗位职责分工和协作流程存在的矛盾也日益激化。发挥银行网点硬件和人员投入的最大作用，促进网点业务全面发展，提升网点效能，进一步赢得市场和客户，是研究并实施银行网点内服务销售流程的最初动力和价值。

根据相关银行咨询培训专家提供的数据，我国的银行网点负责人中，能够有效实施效能管理的仅占10%，大部分银行网点负责人因各种各样的原因，都困惑于如何有效履行管理职能、怎样实现网点的最大效能。因此，建立规范化、标准化的网点服务销售流程具有很强的现实必要性。实现网点规范化的服务、标准化的管理，可大大减少网点负责人的日常管理难度，建立以客户导向为基础的网点标准化营销和交易服务环境，最终支持实现差异化网点建设和客户个性化服务的网点发展最终目标。

客户来到银行网点，只想弄清流程，快速办完想办的业务。而银行网点的服务流程实际上包括了业务操作和销售服务两个流程，业务操作流程解决的是客户业务办理的效率需求问题，销售服务流程解决的则是挖掘客户需求和增加银行产品销售的问题。

在第一次网点转型中，银行以促进业务操作由线下向线上迁移，建立分层次、差异化的客户营销和客户关系维护体系为重点，着重推进网点标准化服务销售流程的制定与推广，有力促进了物理网点效能提高和电子渠道客户规模的快速发展、客户活跃度的提升。

在第二次网点智能化转型中，随着智能化、网络化、互动化和综合化的新设备、新技术投入应用，银行网点服务销售流程体现出精准营销智能化、线上线下协同智能化、网点交易智能化的新特征，在缩短交易时间、增加产品销售、提升客户体验等方面卓有成效。

针对客户使用线上渠道的环节，可通过大数据加强数据整合与运用能力，提高产品信息推送的靶向性及有效性，激活客户需求，提高长尾客户的有效覆盖，做实基础客户群体。通过整合线上预约功能，持续推广微信、门户网站、网上银行等渠道预处理服务，缩短客户业务办理时间，提升客户网点服务体验，引导价值客户向网点转移。

针对客户到达网点的环节，可通过人脸识别、智能预处理等功能快速精准识别客户身份。依靠客户身份、资产、业务等显性产品需求场景，联动智能投顾系统推送推荐产品组合，深入挖掘厅堂客户需求。由大堂经理初次分流，并引导至适合的交易渠道；由服务专员二次分流，对使用智能设备的客户进行场景营销；由客户经理进行三次分流，一对一深入挖潜客户。

　　针对客户业务办理的环节，可扩充业务场景、提升客户体验，增强网点厅堂智能设备非现金业务迁移能力。基于交易预处理＋柜台实物交付新业务模式，大力推进客户手机交易与智能柜台介质交付、大额存取款机现金交付、柜台实物交付等相结合，推动设备、柜台向集中处理介质、凭证、现金、票据、贵金属等实物类交付功能转变，从而实现柜台最大限度"瘦身"，提升业务办理效率。

　　针对客户离开网点后的环节，可基于交易数据运用和线上线下渠道的融合，对客户进行全产品、全渠道、全关系链、全生命周期的数据挖掘，形成客户的全景图谱。通过线上渠道，实现目标产品的个性化推送，降低客户的决策成本。综合分析客户资金流向、产品交易频率的波动、产品覆盖率水平、客户满意度等因素，主动向网点对应营销人员推送，提升客户服务的针对性与有效性。

　　通过上述销售服务流程各个环节的智能化再造，聚焦推进"两升一降"。一升是客户体验提升，主要体现在提高业务处理效率、减少客户等候时长等方面；二升是精准营销能力提升，主要体现在准确快速识别客户、精准及时推送产品服务以及营销人员的个性化服务等方面；一降是经营成本降低，主要体现在人员、设备、场所投入的集约化所释放的成本空间。在控制投入的前提下，通过实施标准化的新智能化销售服务流程，压降客户耗费在业务办理上的时间，延长客户接受个性化营销服务的时间，从而提升各类银行产品销售比率，实现网点效益最大化。

三、网点厅堂销售服务流程与客户体验指标管理

　　2008年起，各银行以实施网点销售服务活动的过程管理为目标，陆续推进网点销售服务流程标准化建设，用以提升网点厅堂服务质量，打造网点人员各司其职、分工协作的标准化服务销售模式。但对流程的规范基本以描述为主，银行自身难以对流程进行量化标准化的统一管理。由此，社会上出现了大量的专门导入培训公司，这些公司为银行提供标准化销售服务流程的驻点导入服务，主要内容包括引入标准化服务手势及话术演练，导入各岗位服务销售流程及关键职责，培训网点负责人使用手工表格等过程管理工具，等

等。随银行对服务销售流程日益重视、需求程度不断提升，这些导入公司生意日益红火，但银行网点服务销售流程落地的考核除以实现多少销售业绩提升为标准外，甚至只能以完成了多少网点的多少次导入为指标进行考核，过程管理意识缺失、手段缺乏。这导致网点每年都重复导入，导入期业绩提高，导入期结束就恢复原样，导入效果不断衰减的问题长期存在。

产生这种状况的主要原因是针对流程执行过程的衡量指标缺失，而网点销售服务流程的执行过程又与客户体验密切相关，因此这些银行同样也会存在网点客户体验衡量指标缺失的问题。从实践角度看，这两者其实可以统一到一套指标体系下进行考量，从"迁移引导""客户服务管理""客户转介维护""产品销售"四个维度，实现对网点厅堂流程的量化评价，通过关键环节的量化监控与管理，引导并确保整体流程有效落地。

一是针对迁移分流环节，采用迁移引导维度指标衡量。

具体设置"柜台可迁移业务未迁移占比压降""依附式自助设备单台日均交易量提升""依附式ATM开机率"指标，其中"柜台可迁移业务未迁移占比压降"是核心指标。

通过该指标考核，重点推进网点线上渠道迁移，引导大堂经理对网点客户主动进行一次分流，发挥大堂经理引导迁移作用，增加大堂经理与客户的互动环节，降低网点柜台办理的可迁移客户交易操作数量。

二是针对客户主动识别、服务效率管理环节，采用客户服务管理维度指标衡量。

具体设置"到店客户主动识别率""客户排队平均等候时长""客户柜台业务平均办理时长（即柜台占用时长）""柜员日均服务客户数""柜员日均有效服务客户时长占比""不满意客户占比"指标，其中"客户排队平均等候时长"是核心指标，可再针对不同人群进行细分。

通过该指标考核，重点针对网点内引发客户不满的"等待时间长""办理速度慢"两大痛点，强化大堂经理通过使用标准配置的设备工具及系统，引导客户使用线上预约、自助设备预处理等功能，减少网点等候时间。推动分行合理调整柜员配置与合理提高柜员工作饱和度，加快客户柜台业务办理速度，促进网点厅堂的效率提高。通过事先了解客户需求、审核业务所需证件材料，保持与客户的良好互动，减少客户不满意的评价，从而减少客户日常投诉可能，促使大堂经理、柜员为客户创造良好的厅堂服务环境与愉悦的服务氛围。

三是针对厅堂潜在中高端客户挖掘和转介营销环节，采用客户转介维护维度指标衡量。

具体设置"向理财经理或客户经理转介有效中高端客户数量""转介客户资产提升率"指标，主要体现大堂经理对厅堂客户的转介挖掘作用，和理财经理或客户经理对转介客户的成功转化。

通过该指标考核，重点引导大堂经理通过对到店普通客户的了解，识别有销售潜力或可升级为 VIP 客户的潜在客户群体，并向本网点客户经理进行转介，以协助客户经理营销维护，不断增加本网点高端客户数量。理财经理与客户经理等专职销售人员则负责转介客户的成功转化，以及后续的客户关系维护或客户资产增加。

四是针对厅堂简单产品销售环节，采用产品销售维度指标衡量。

分行可根据不同网点销售任务，结合大堂简单产品销售的特点，制定与客户经理销售任务有所不同的简单产品销售指标，但计量方法可与客户经理销售计量方法一致。具体产品销售范围可以是新增客户的借记卡、信用卡、小额保险、贵金属、个人网银、手机银行、理财产品等适宜厅堂销售的产品，但需避免过多和复杂产品销售向厅堂集中，产生弱化厅堂销售服务流程中的其他职能要求，与理财经理与客户经理等专职销售人员职责不清等问题。

"数治"是管理的基础和核心。好的流程需要靠关键环节实施情况的量化测量和持续监控、动态管理来保证，没有全行统一的量化指标体系，各个网点销售服务流程的落地实施程度就没有评价标准。没有统一量化的自上而下持续监控，各级分行管理就会像"盲人摸象"，无法掌握不同网点销售服务流程的实施效果差异，无法针对性地开展指导和培训，也无法准确评价外部导入公司是否有实力。归根结底，外部导入公司解决的是"术"的问题，并不能替代银行自身的流程和客户体验管理，银行必须建立自己的流程量化管理体系。

四、网点厅堂销售服务流程的实施

对拥有众多网点的大型银行来讲，网点销售服务流程的难点在真正落地。各级管理分行到各个网点，对销售服务流程的认识都不尽相同。同时网点销售服务流程的实施还一定会涉及网点多个岗位人员原有工作习惯改变，涉及考核、触及利益，戳痛一部分不能适应新流程要求的人。因此这些都会形成重重阻力，导致流程难以完全落地，或落地时出现走样。

著名企业家任正非在华为引进和推行 IBM 的 IPD 流程时，就曾经提出著名的"先僵化、后优化、再固化"的管理进步三部曲理论，这对银行推行标准化网点销售服务流程也具有同样重要的指导意义。"先僵化"虽然会产生形而上学和教条主义两大弊端，但只有经过这个阶段，才能够全面深入理解最佳实践对于自身的真正价值，掌握最佳实践在本地需要去改进和优化的地方，这时的改进优化才具有实际价值。通过僵化达到统一思想、吃透精髓的目的后，网点再依据各自实际情况进行调整，分行、总行及时汇总总结进行优化改进，才能最终将标准化流程固化为每家网点的主动思想与意识，进而形成自下而上与之匹配的制度系统和文化体系。

任正非也谈道，"先僵化"说起来容易做起来难，削足适履肯定是个痛苦的过程。但削比不削好，早削比晚削好。这也就是"软弱的改革"所不能实现的原因，推行改革的首要条件就是最高领导层必须很强势，能坚定不移地推行政策，不畏惧那些阻碍和反对的声音，才能最大化地达到理想的效果。甘蔗没有两头甜，任何事情都不能各方兼顾、十全十美。银行的网点销售服务流程实施也是一样，也不可能有一个适合上万家网点的流程，总行高层管理者尤其需要有强势的推行理念，既要尊重基层一线的声音，也不能听到基层的一些声音就认为总行职能部门制定的流程存在问题，匆忙否定、频繁调整。这就需要坚定地按照流程执行，依靠关键指标评价体系，持续推进"数治"管理，结合外部导入公司在培训辅导等方面的力量帮助，方能破解销售服务流程在网点的标准化、固化难题。

只有实现标准销售服务流程在网点的固化，才能在具体执行中，不断发现执行"术"层面的更优做法，和流程设计"道"层面的不足。从而不断通过"术"的优化提升固化程度，通过"道"的优化提升整体流程先进性，两者并用，得出客户体验的优化程度和效果。

第四节　网点厅堂布局设计

一、网点的核心价值

现在越来越多的客户将手机银行、网上银行当作日常业务的首选渠道，绝大多数日常现金存取交易也通过 ATM 自助设备完成，银行网点的到店客户数量呈明显下降趋势，目前仍到网点柜台交易的客户占比仅14%。但是，银行还是需要保持相当数量的网点，这主要受两条重要的消费者心理影响：第一，"网点越多，银行越不易破产"。消费者在银行投入的资金越多，就越需要确定银行能安全保管他的资金。第二，"我想要一位和蔼的本地网点经理解答我所有的问题，提供最符合我需要的专属服务"。对于使用电子渠道的多数客户，当遇到麻烦或者当其他渠道都无法完成银行业务时，客户还是会选择去信任的银行网点，这部分客户希望从网点得到全面满意、可解决问题的答案。同时因为受到监管限制的原因，部分业务仍需要客户至银行网点确认真实的身份信息后，才能办理，这部分客户知道自己要什么，并不是"主动"到网点，而只是不得不去，希望越快办理完成越好。

数据分析显示，超过70%物理网点的柜台服务客户平均年龄已大于45岁，仅有不到0.3%的网点柜台交易客户平均年龄低于30岁。全部网点柜台渠道交易客户中，约60%的客户在45岁以上，30岁以下客户占比仅12%。同时资产净值较高的客户更偏好使用网点柜台交易，且随着客户金融资产的增加，柜台偏好越加明显。从资产分层客户群来看，大众客户首选交易渠道为 ATM 自助设备，大众交易客户中仅20%仍使用网点柜台办理业务。而20万～200万元、200万～800万元，以及800万元以上这三类高端客户群，客户首选交易渠道均转变为柜台，柜台交易客户占比分别达51.64%、55.09%和59.82%。尤其是800万元以上的私行客户群，近60%客户交易时，选择使用网点柜台人工服务。

由以上分析可以看出，网点的主要需求对象已与之前发生了巨大变化，银行必须做出改变，以适应和服务于这些变化的客户需求。但同时也反映出对于银行来讲，在未来相当长的时期内，网点仍具有其他服务渠道难以替代的核心价值：一是各类客户心理安全的物理载体价值，这是由客户的基本心理需要决定的。二是中高端客户维护和顾问服务的主渠道价值，这是由客户群行为偏好特点决定的。三是各类复杂金融产品与综合性金融业务的交易办理价值，这是由监管政策和各类电子渠道本身的业务范围局限性决定的。

从未来发展趋势来看，随着人脸识别等生物认证技术的突破性发展，监管线上渠道开户及交易限制的逐渐放松，网点的交易办理价值将趋向更弱，而心理安全价值和咨询顾问服务能力将成为银行网点存在的真正核心价值。

网点这两大核心价值的存在，也要求银行：一方面必须拥有合理数量规模的网点，覆盖目标客户区域；另一方面也必须对网点的内部布局等进行转型调整，以充分适应并满足新的价值定位需要。

二、网点厅堂布局设计的影响要素

什么会影响银行必须对营业网点的厅堂布局进行重新设计呢？从实践来看，网点定位、厅堂设备、销售服务流程，是银行需考虑对网点厅堂布局进行重新设计的三大要素。这三大要素中任何一个出现重大调整或改变，都会对网点的业务及服务模式产生极大影响，从而需要银行对网点的厅堂布局进行重新设计，以适应并支持这些变化。

（一）网点定位的重大变化，必须靠网点厅堂布局调整体现

银行网点的第一次关键转型中，网点定位由"以产品为中心，提供无差异服务"业务操作场所，转变为"以客户为中心、客户分层、重点发展维系中高端客户、销售重点产品"的营销服务渠道。基于这一定位的重大调整，银行必须在网点内增加产品销售和中高端客户服务的空间，因此各银行纷纷开始了自身网点标准建设手册设计及网点布局改造工作，引入内部格局模块

化的建设理念，开始采用功能分区的方式，将以封闭式柜台为主的网点厅堂建设格局，转变为包括咨询服务区、自助服务区、等候休息区、营销信息展示区、开放式柜台服务区、封闭式柜台服务区和后台办公区等模块式功能分区的组合，突出并建立理财专柜、理财室或理财中心。未来随承载交易办理功能的迅速减弱，网点还将进一步向以提供顾问式服务为主转型，网点厅堂营销洽谈空间的重要性还将进一步提升，营销洽谈区域与交易区域的比例还将发生重大调整。招商银行近年来新建网点的变化，已较明显地体现出这一特征。

（二）厅堂设备的重大升级，必须通过在网点厅堂中重新摆放发挥作用

一般的设备更新，或仅是原有设备增加品种，并不需要进行厅堂布局的重新设计，多数情况下仅需将机罩、标识标牌等形象标准加以规范。但是设备出现重大类型升级时，实际是改变了网点厅堂的交易或营销业务模式，这时就一定需要对网点的厅堂布局进行重新设计了。例如存取款一体机、多功能自助终端等 24 小时服务设备的出现，带动增加了网点 24 小时自助服务区设计，并成为第一次网点转型厅堂标准化设计及改造核心内容之一。"客户自助＋银行授权"使用模式的大堂式智能化自助设备出现后，网点交易主体由柜台转变为厅堂，部分网点向轻型化发展，甚至完全抛弃了封闭式柜台。与之相适应，中国工商银行、中国建设银行等进行了网点厅堂布局的重新设计，发布了新的网点布局建设标准，启动了网点第二次智能化布局改造。

（三）销售服务流程的重大调整，必须靠网点厅堂客户动线重新设计支持

客户动线，顾名思义，就是客户活动或行动的路线。对网点厅堂内客户的活动路线进行设计和管理，就是试图把握客户的心理甚至是潜意识，通过对网点内的环境、服务人员站位进行设计，促使客户按照预设的路线和目的流动，策略性地引导人流，使客户无拥堵、没障碍，感觉舒服方便，同时又达到增进客户感知、优化客户触点、提升产品销售服务质量的目的。因此，销售服务人员岗位设置、服务流程调整时，就必然需要对厅堂内的客户动线重新设计，从而保证客户不知不觉中，按照新的销售服务流程接触并享受银行最希望提供给客户的各种信息和服务。

三、网点厅堂设计的基本原则

(一) 以银行 CI 为基础，空间共享融合

各银行网点室内设计，均应该以各家银行独特的 CI 设计为基础，提取该家银行最具辨识力、深入人心的特色元素，使空间更具独特的符号化识别力，能够区别于其他空间并表现特有的企业文化，全面满足客户安全心理需要。个人客户业务处理及服务营销模式转变是网点转型的重点，但是网点无私不稳、无公不富，因此银行进行网点厅堂空间设计时，需突破传统定式思维创新"共享·融合"设计理念，按照"谁有客户谁使用"原则，重塑各厅堂功能分区，全面实现对公对私客户等候办理、业务洽谈、厅堂营销使用共享。

(二) 多层次差异化，适应各类网点建设需要

网点布局设计，必须配套银行根据自身特点所制定的网点结构优化和差异化建设策略，按照旗舰型、综合型、轻型便利店等不同网点类型，针对财富中心、理财中心、普通网点不同客户群体，同时满足发达地区和欠发达地区的不同成本投入，未来创新体验和标准功能服务不同定位方向需要，进行多维度、多层次、多场景的差异化设计，才能满足战略所要求的网点分类建设需要。

(三) 模块组合化，满足灵活实施需要

在标准化的基础上，细分厅堂分区，按照模块化设计思路，进行柜台、家具、标牌等各项网点建设要素的分解设计。分行实施时即可根据不同类型、不同面积、不同客户、不同定位等自身需求，一点一策灵活组合实施。兼顾标准化与定制化，满足视觉效果标准化、功能布局个性化的网点建设灵活实施需要。

(四) 技术智能化，支持科技创新发展应用

充分应用最新科技创新成果，按照业务部门服务设备规划、销售服务流程设计要求，不断嵌入业务部门新设备、新系统，固化智能化的网点服务销售流程，形成到店客户被自动层层分流，最后只剩余那些各个电子渠道都无

法分流业务的客户，才由柜台提供一对一式的人工服务，即"漏斗式"的最优厅堂分流效果。使得物理网点建设与最新科技创新发展有机有效结合，通过网点智能服务生态的打造，重点提升网点主动识别客户、精准靶向营销的智能化水平，满足提升客户体验、拓展业务的需要。

（五）体现人文化，赋予网点独特丰富的历史文化内涵

大型银行都具有丰富的历史和独特的文化内涵，赋予网点设计更加丰富的历史和文化内涵，将银行历史文化、地方特色等渗透到银行网点建设方案中，形成不同银行网点独特的文化内涵。在设计中增加客户关怀、员工关怀等元素，将银行网点建设得更具"温度"，也可有效增强银行员工的归属感、幸福感，激发员工真诚、真心服务意识，满足以人文精神提供个性化、高品质服务的银行网点定位要求。

四、网点设计建设的主要困扰

高科技概念店是不是未来网点的"救世主"？2010年12月，花旗银行率先在纽约联合广场建立了一家高科技网点，这家网点由苹果专卖店的设计公司操刀设计，令人眼前一亮。2014年起，国内银行也刮起了高科技概念店建设风，各家银行纷纷斥巨资打造高科技"未来银行"网点，各类最新炫酷的体验技术和设备轮番登场。某银行近年新建的几十家智慧旗舰店，每家店的建设造价都在上千万甚至几千万元的级别。2018年招商银行打造推出的3.0概念店，专门邀请国外专业公司精心设计，采用了无限镜像、雾化调光玻璃、嵌式家具、专属香氛等新技术、新设施，每平方米装修造价也达1万元以上。

然而正如布莱特·金在《银行3.0：移动互联时代的银行转型之道》中指出的，"花旗的'概念店'固然很有新意，但是没有证据证明建立更好的网点就能显著增加营收"，"苹果的优势就是拥有独一无二的产品，许多消费者在购买前就忍不住要去把玩，银行可没有这样的产品"[①]。国内情况也是如此，

---

① 布莱特·金. 银行3.0：移动互联时代的银行转型之道. 北京：北京联合出版公司. 2017：61-62.

高造价的最新时髦科技产品把网点堆满也效果有限。大型银行超过 70％物理网点的柜台服务客户平均年龄已大于 45 岁，这样的网点客户年龄结构特点，导致与银行交易功能关联越低的高科技设备，在银行网点的应用价值越是有限。而炫酷的高科技如果不能和银行的交易功能结合，往往今天还是时尚的象征、银行宣传和媒体报道的亮点，明天就是落后的电子垃圾。

这种情况下，网点建设设计人员往往面临以下方面的困扰：

第一，设备投放缺乏规划，厅堂设备积压，厅堂布局动线不尽合理。网点设计建设的重点之一就是为网点厅堂内的设备进行最合理的位置规划，引导客户自觉按照银行设定的最优网点销售服务流程和客户动线进行空间流动，达到最优产品销售效益和服务效果。但是如果各个设备投放职责部门缺乏对设备硬件形态和产品功能的统筹合理规划，设备种类不断增加，设备与设备间的使用流程混乱，网点厅堂布局和动线设计时就无法达到最合理状态。以智能型的自助终端类设备为例，某银行采用简版桌面式设备与全功能型设备 n＋1 搭配模式投放，厅堂设计采用占地小、使用频率高的"n"类型设备在中央、体积大、使用少的"1"类型设备靠边摆放的方式，厅堂面积利用经济、客户流动合理。而反之新型设备形态规划不清，每种设备间功能交叉重叠关系不清，就会导致需投放的设备款型越来越多，进行网点厅堂摆放设计时都往靠近门口位置堆放。当投放款型增多到一型四五款时，很多网点就会出现靠近门口位置放不下，客户扎堆办理业务的问题了。同时，设备投放职能部门重投放、轻退出，新类型设备要投放，旧类型设备又没有明确的退出策略和时间计划，网点存量设备就会越来越混杂堆积，也造成网点厅堂布局设计困难重重，最优动线成为泡影。

第二，营销有效支持工具匮乏，管理措施滞后，难以改变网点以交易操作为主的整体效果。网点定位向销售服务型直至顾问服务型转型，不是单纯靠改变网点内销售顾问区域位置或者这些区域与交易操作区域之间的面积比例就能实现的。网点销售功能重塑过程中，已经越来越暴露出销售区域内工具不足、管理缺失的短板问题，网点营销区域内缺乏有效的硬件工具支持，更谈不上统一的营销过程数据管理。在新一轮的网点设计建设中，虽努力为营销销售设置了更多、更合理的区域面积和分区动线，但巧妇难为无米之炊，令网点设计建设人员沮丧的是再先进的理念、再完美的空间设计也不能弥补相关主管职责部门在真正能够有效支持营销的设备投放方面的匮乏和销售管理的滞后，建设出的网点仍呈现出以交易操作功能为主的老样子。营销软硬件体系的薄弱缺失，即便是完全取消封闭式高柜的轻型便利店网点，也只能是业务不全面的交易操作型网点，而很难转型为真正的销售服务型网点。

第三，强设备、弱使用，新设计中科技化智能化投入高、效益差。现阶段各家银行的最新网点设计中，科技化智能化是最大亮点。但是银行除了有集中应用系统的自助类交易设备，对多数互动营销类设备，银行业务部门往往没有开发建设统一应用系统，仅仅依靠厂商提供的单机系统提供对外服务，设备使用也主要依靠网点自觉，总分行无法进行有效的培训和持续的使用管理。这种情况，就如重金购置了一张强弓劲弩，但上面没有合适的箭，也没有会使用的士兵，看似功能强大但无实际杀伤力。例如有些银行安装的高科技产品宣传展示屏，不仅可以展示银行产品广告和宣传内容，还可以收集客户关注的时间、关注的广告画面，等等。但实地进行网点调研就会发现，这类展示屏的内容和功能都完全依靠销售厂商开发维护，产品少且更新不及时，尤其是银行对设备采集到的客户关注数据，无人会分析，更无人去利用。虽然这也不是先进的网点设计所能解决的问题，但进行网点装修设计时如不考虑使用这类设备，新建的网点就会显得落后陈旧，令网点形象建设人员十分困扰。

因此，依靠网点形象管理部门对网点的新形象设计与装修，并不能真正实现银行网点的转型，必须各个业务部门提前行动，做好网点内投放设备的合理规划和系统支持，配套以强大数据分析和从上到下的贯穿式有效管理，才能真正推进银行网点有效转型，减少无效投入。

第 五 章

ATM 设备的现金管理及清算

第一节　ATM设备的现金与柜台现金管理的差异

一、结账方式差异

柜台现金管理最大的特点是要求"笔笔账款相符，日清日结"。柜员为客户办理涉及收付现金的业务时，必须一笔一清，遵循收入现金"先收款后记账"，付出现金"先记账后付款"的原则，保证每笔交易账款相符。每日营业终了，网点尾箱监管人都要按照规定程序对尾箱中的现金实物进行检查和账实核对工作，同时在银行现金重空管理系统中执行日结操作，并且向库房缴回全部现金实物。

与柜台现金业务不同，客户使用ATM设备进行自助交易操作时，银行系统其实无法保证每笔业务都能成功完成。24小时交易模式也使得ATM设备无法做到每日营业终了，全部设备清空结账并缴回全部现金，柜台"日清日结模式"对ATM业务不再适用。

出于ATM现金与柜台现金的差异化管理需要，银行通常都采取在现金科目下设置不同账户分别核算的方法，进行区分管理。两种现金间可以双向调拨，即对ATM设备来讲，现金可以从金库或柜台领出，也可以将剩余现金缴回至金库或者网点柜台。

二、清算方式差异

柜台仅办理本行卡账户存取现、本行卡向他行转账业务，不涉及他行卡取现以及他行账户转出业务，因此都是以实际现金收付或以实际客户账户扣款为准进行清算。向他行账户的现金汇款业务，也是以柜台实际收入现金为准进行清算。

而ATM业务范围与柜台最大的不同，是可受理他行卡跨行取现业务，以及他行转本行、他行转他行等他行账户扣款业务，且清算时遵循以银联交易记录为准的原则，因此 ATM 业务涉及更为复杂的待清算资金核算管理问题。

由于 ATM 设备的交易每天 24 小时都在发生，这些待清算资金实际形成了一个资金池，通常难以按照柜台汇款业务模式进行清算，需要单独核算，并且这个资金池在 ATM 业务持续开展的情况下无法见底清零，因此存在更大的风险隐患，尤其需要加强清算管理，严格控制操作风险。

第二节　ATM 设备的现金管理模式

一、核心系统管理模式

大多数银行都已建设了集中的核心管理系统和柜员操作系统，进行柜台现金的收付台账管理。以某银行为例，其核心系统就为每个实体柜员都建立了单独的现金合计表，用以记录每个柜员的每笔现金收付及余额变化，柜员可随时结账查看系统中自己的现金余额及发生明细，随时进行尾箱现金的账实核对。

ATM 机其实与网点柜员的现金尾箱类似，其关键也是每台机具内现金钞箱的收付发生与余额记录。需支持任一时间 ATM 机操作人员清机后，进行机具内现金实物与系统记录余额间的核对。如有不符，可进行明细的逐笔查找与核对。

因此，如果银行核心系统足够强大，即可为每台 ATM 机建立虚拟柜员，采用同样的现金合计表方法进行 ATM 设备现金管理。ATM 设备交易发生时以客户账交易变动为准，实时记录并更新该台设备对应虚拟柜员的现金合计表发生明细记录和余额变动。ATM 设备清机时，以核心系统内该台设备虚拟柜员的现金合计表余额为准确定长短款。

核心系统 ATM 设备现金管理模式的优点：

一是客户差错账调整体验良好。该种以核心系统为准进行现金账记录的方式，可利用核心系统自身交易一致性保障机制，最大限度实现客户账与ATM设备现金账记录间的一致性。ATM设备现金长短款直接以客户账户的实际交易发生为准进行判断，网点层级就可立即判断差错并为客户完成账务调整，在银行系统无法彻底避免ATM长短款差错发生的情况下，最大限度减少由此给客户造成的不良体验。

二是银行清机人员账实核对方便。由于与实体柜员的结账管理机制相同，核心系统如可支持任意一台ATM设备清机后都立即自动进行该台设备结账，就可最大限度上方便ATM设备清机人员随时进行账实核对，减少基层清机人员结账及培训难度。

三是减少待清算资金，降低资金池风险。该种方式可彻底避免由于核心系统与ATM管理系统间日切时间不一致，系统日切时间点前后部分交易因客户扣账日期与ATM现金管理记录日期不一致而产生待清算资金问题，大幅度减少待清算资金池核对管理难度，降低清算人员道德风险、操作风险发生概率。

核心系统ATM设备现金管理模式的缺点：

一是会造成核心系统交易压力过大。因为大型银行ATM设备数量均较网点柜员多出数倍，其交易量也是柜台交易量的几倍，且绝大多数都是现金存取交易，因此使用银行核心系统进行ATM设备的现金管理会造成核心系统较大的系统压力，增加系统资源成本。

二是会对核心系统的稳定性造成影响。核心系统是银行的关键系统，是一切业务开展的基础。ATM设备的交易发生、功能升级频繁，一旦出现问题使核心系统无法正常工作，将可能造成全行各个渠道各项业务无法正常开展。因此，该种模式要求核心系统必须足够强壮，同时银行必须具有强大的运维处理能力。

二、ATM设备的外围系统管理模式

鉴于上述方案对核心系统性能要求较高、影响较大，也有较多银行采取了利用外围系统实现ATM设备现金管理的替代方案。具体为在ATM渠道管理系统（通常称为 ATMP 系统）中，建立类似现金总额记录台账，实现对每台 ATM 设备现金明细及余额的管理。

这种 ATM 设备现金管理模式下，ATMP 系统成为实际的 ATM 设备的现金台账管理核心，ATM 系统现金核对机制也因此变为 ATM 机终端控制系统（通常称为 ATMC 系统）与 ATMP 系统间、ATMP 系统与核心或外部交换系统间的两段分别核对机制。即以 ATMP 系统的日切时间及成功交易记录为准，分别与下游的 ATMC 系统以及上游的核心发卡系统或银联交换系统进行成功交易对账。以下游 ATMC 与 ATMP 系统间的成功交易核对结果，确定 ATMP 与前端系统间问题导致的现金长短款差错并进行调整；以上游核心发卡或银联交换等系统与 ATMP 系统间的成功交易核对结果，确定 ATMP 与后台系统间问题导致的待清算资金长短款差错并进行调整。

该种模式最大限度地减小了对核心系统的影响，但增加了业务人员差错交易核对及调整的难度，增加了待清算资金量和待清算资金池的风险管控难度。

第三节　ATM 设备的外围系统现金管理方案实例

一、整体方案设计思路

第一，银行核心系统中，不再按照每台 ATM 设备建立现金合计表的方式记录现金变化，而在总账系统中按网点机构设立仅反映前一日余额的 ATM 设备现金核算账户（自动柜员机占款账户）。同时根据外围 ATMP 系统直联的发卡系统、交换系统数量，分别设置不同的待清算资金专户（××系统签发银行卡待清算资金专户）。

第二，外围 ATMP 系统中为每台 ATM 机建立现金合计表，记录每台 ATM 机的所有现金交易。发生每笔 ATM 机取款、存款交易时，均实时更新该台 ATM 机的现金合计数余额。ATMP 系统日终批处理时，以本系统记录的每台 ATM 机的现金合计表变动交易为准，产生发生额合计数，以联机交易方式上送，利用核心系统送总账系统机制，完成自动柜员机占款与不同类型交易对应的待清算资金账户的会计记录，更新各网点机构的自动柜员机占款账户总账余额。

第三，任意一台 ATM 机任意时点清机时，均以 ATMP 系统现金合计数余额为准，进行设备内剩余现金的账实核对。如有不符，以 ATMP 系统现金合计表成功交易记录为准，判断 ATM 设备现金长短款并挂账。永远以现金实物金额为准，办理缴回。同步建立可自动进行 ATMC 系统与 ATMP 系统成功交易核对的交易核对及差错管理系统，用于辅助完成清机后现金实物清点金额登记、ATM 设备现金长短款交易核对、ATM 设备现金长短款挂账或销账登记管理等处理，减少人工核对工作量，降低人工判断复杂程度。

第四，每日按网点机构分别进行 ATM 设备现金发生额和余额核对。由于核心系统只记录领缴以及 ATMP 系统上送的存取款交易金额，也就是说只记录了借贷发生额，没有余额记录，总账系统只记录了余额，没有借贷发生额，因此该种模式下 ATMP 系统需每日生成发生及余额报表，分别与核心系统生成的发生额报表、总账系统生成的余额报表进行核对，以确保 ATM 设备现金领缴、长短款交易等正确合规处理，防止操作风险发生。

第五，各个发卡系统均以本系统内客户账的实际变动为准（受理非本行卡交易以银联清算交易为准），通过相关系统机制，完成客户账或银联清算资金与对应不同类型的待清算资金专户会计记录，更新总账相关待清算资金专户余额。

第六，在 ATM 设备交易过程中，某段交易路由出现故障或网络中断等，均有可能导致交易中断，产生发卡系统或银联系统与 ATMP 系统间成功交易记录不一致的问题，同时各个发卡系统、银联交易转换系统与 ATMP 系统间也必然存在日切时间点不一致的问题，因此，需同步在交易核对及差错管理系统中，建立 ATMP 与各后台系统间的交易核对功能，用以辅助完成当日正常清算交易、未达交易、差错交易的核对与分类，建立与不同类型清算资金对应的交易核对机制，达到及时准确清算、严格管理控制待清算资金池风险的目的。

二、相关系统设置

如图 5-1 所示，ATM 渠道前置系统（ATMP 系统）、ATM 监控管理系统（ATMM 系统）、ATM 终端控制系统（ATMC 系统）是支持 ATM 设备业务的三大主要系统。

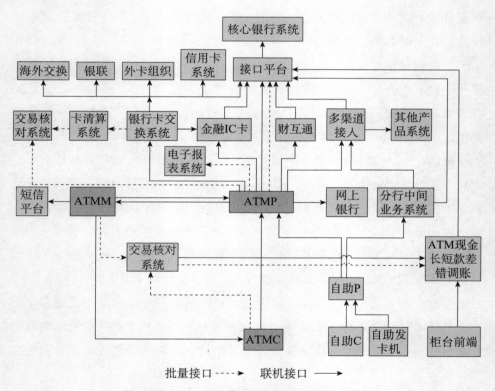

批量接口 ----→ 联机接口 ——→

图 5-1 ATM 渠道管理及相关系统设置示意图

ATMP 系统作为整个 ATM 渠道业务的中枢系统，通过上游网关与各台 ATM 机的 ATMC 系统相连，通过下游网关连接银行卡交换、网上银行、接口平台等系统，向核心银行系统、信用卡系统、银联、外卡组织等系统发送交易并接收回复，实现路由处理、转加密、报文转换、ATM 机现金管理等功能。ATMM 系统作为 ATMP 的重要配套系统，承载 ATM 设备状态监控、交易监控、ATM 设备远程控制、软件下发、ATM 交易流水存储及查询与打印、吞没卡管理、参数管理、报表加工及查询等功能。同时在交易核对系统中，为 ATMP 系统与 ATMC 系统之间，以及发卡系统、交换系统与 ATMP 系统之间，提供交易核对及差错管理功能，实现 ATM 设备现金差错和清算资金差错的核对与处理。

三、基础账户设置

对应上述整体方案设计，ATM 外围系统现金管理模式下，银行内部主要需开立 4 类共 8 种核算账户，以满足 ATM 设备现金核算管理需要。

（一）自动柜员机占款账户

按网点开立自动柜员机占款人民币账户，用以核算该机构运营 ATM 设备内备付现金。

（二）ATM 现金长款及短款核算账户

根据长款和短款性质和方向不同，具体需按网点机构开立 2 种账户：

（1）ATM 设备现金长款暂收账户，用以核算属该机构运营的 ATM 设备清机时，可能出现的设备清出实物现金数额大于 ATMP 系统现金合计台账余额的银行长款金额。

（2）ATM 设备现金短款暂付账户，用以核算属该机构运营的 ATM 设备清机时，可能出现的设备内清出实物现金数额小于 ATMP 系统现金合计台账余额的银行短款金额。

（三）待清算资金核算账户

根据银行卡签发系统及清算时间、清算方式的不同，在一级分行集中清算管理的模式下，需按一级分行开立 3 种专用账户：

（1）核心系统签发银行卡本行 ATM 设备交易待清算资金账户，用以核算所有本行核心系统签发银行卡，在本行 ATM 设备存取现金交易产生的待清算资金。对应交易核对系统中，ATMP 系统与核心系统间的核对场景交易。

（2）其他银行卡本行 ATM 设备交易待清算资金账户，用以核算本行非核心系统签发银行卡（包括行内贷记卡、准贷记卡、IC 卡）及其他参加银联或国际组织清算的他行卡，在本行 ATM 设备交易产生的待清算资金。对应交易核对系统中，ATMP 系统与非核心卡交换系统（IST 系统）间和 ATMP 系统与 IC 卡系统间的核对场景交易。

（3）IC 卡交易待清算资金账户，该账户主要用于核算 IC 卡相关转账圈存交易清算资金，同时也用于 IC 卡交易导致 ATM 设备前端出现现金长款时，部分差错场景调账处理所需的资金过渡。

（四）清算资金长款及短款核算账户

对超过 T+1 日仍未核销的核心系统签发银行卡本行 ATM 设备交易待清算资金账户挂账的 T 日交易，以及超过 T+2 日仍未转销的其他银行卡本行 ATM 设备交易待清算资金账户挂账的 T 日交易，均应确认为单边差错交易，分别使用以下两种账户进行核算：

（1）清算长款暂收账户。用以核算：ATMP 系统与核心系统交易核对场景中，ATMP 系统的单边存款交易和核心系统单边取款交易；ATMP 系统与非核心卡交换系统交易核对场景中，ATMP 系统的单边存款交易和交换系统（IST 系统）的单边取款交易。

（2）清算短款暂付账户。用以核算：ATMP 系统与核心系统间的交易核对场景中，ATMP 系统的单边取款交易和核心系统的单边存款交易；ATMP 系统与非核心卡交换系统间的交易核对场景中，ATMP 系统的单边取款交易和 IST 系统的单边存款交易；ATMP 系统与 IC 卡系统间的交易核对场景中，IC 卡系统的单边现金圈存交易（现金圈存交易仅可能存在 IC 卡系统单边差错）。

四、主要现金交易账务处理

（一）ATM 设备现金领缴及清机加钞

这个环节主要涉及领、缴两个步骤的交易操作账务处理。这两个步骤产生的账务记录，需与 ATMC 系统记录的清机人员加钞设置金额以及清机取出金额进行分别核对，确保领出现金全部加入设备，即加钞金额等于领出金额，以及清出现金全部缴回，即清出现金等于缴回现金，中途无现金盗失。

（1）在 ATM 设备准备加钞申领现金时，金库柜员或者网点机构尾箱柜员通过核心系统操作相关 ATM 设备现金交出交易，日终核心系统产生会计分录送总账：

借：自动柜员机占款（ATM 设备所属运营机构）

　　贷：金库现金或机构尾箱现金

（2）ATM 设备清机加钞人员与金库或网点机构尾箱柜员完成现金领用交接后，ATM 设备加钞操作员至 ATM 设备端通过 ATMC 系统进行清机加钞操作。此时后端 ATMP 系统自动进行该台设备现金合计数记录的更新，标识上一账期结束，记录本次加钞金额，作为下一账期的期初金额。ATM 设备清机加钞操作人员通过系统界面提示或短信提示等，确认本次加钞金额无误后，将设备开启对外服务。

（3）ATM 设备清机加钞人员将清机取出的现金实物连同相关清机凭证缴回给金库或机构尾箱柜员，金库或机构尾箱柜员清点核验现金，如有发现假钞，确认交易来源后，按柜台发现假钞流程，进行没收处理。核验确认为真钞的，严格按照真钞金额，通过核心系统操作相关 ATM 设备现金缴回交易，同时注明每台设备缴回的具体金额，日终核心系统产生会计分录送总账：

借：金库现金或机构尾箱现金

　　贷：自动柜员机占款（ATM 设备所属运营机构）

（二）ATM 设备发生客户存取款现金交易时

（1）ATMP 系统实时记录并更新该台 ATM 机在 ATMP 系统的现金合计数台账，日终批处理时以 ATMP 系统现金合计数账为准，产生分录送核心更新总账：

取款交易：

借：核心系统签发银行卡本行 ATM 设备交易待清算资金

或借：其他银行卡本行 ATM 设备交易待清算资金

　　贷：自动柜员机占款（ATM 设备所属运营机构）

存款交易：

借：自动柜员机占款（ATM 所属运营机构）

贷：核心系统签发银行卡本行 ATM 设备交易待清算资金

或贷：其他银行卡本行 ATM 设备交易待清算资金

（2）核心账户系统或 IC 卡系统或信用卡系统相应扣减或增加客户账余额，日终批处理时以客户账记录为准，产生分录送总账：

取款交易：

借：活期储蓄存款

贷：核心系统签发银行卡本行 ATM 设备交易待清算资金

存款交易：

借：核心系统签发银行卡本行 ATM 设备交易待清算资金

或借：其他银行卡本行 ATM 设备交易待清算资金（IC 卡圈存交易、信用卡存款交易）

贷：活期储蓄存款

（三）资金清算处理

（1）核心系统签发银行卡或账户交易，从以上会计分录就可以看出，ATMP 系统日切和核心系统日切时，两个系统同一日间的交易均可通过核心系统签发银行卡本行 ATM 设备交易待清算资金账户，自动完成相应资金清算。核心系统签发银行卡本行 ATM 设备交易待清算资金账户内余额，即为 ATMP 系统和核心系统两个系统日切时间差内交易，以及两个系统间成功交易记录不一致而造成的 T 日无法自动清算转销的差错交易总合。

（2）IC 卡现金圈存交易与核心系统签发银行卡或账户交易方法相同，分别于 ATMP 系统日切和 IC 卡系统日切时，通过其他银行卡本行 ATM 设备交易待清算资金账户，自动完成相应交易资金清算。

（3）非本行核心系统签发银行卡交易，如独立信用卡系统签发银行卡、银联他行卡、维萨等各国际组织境外银行卡等，每日分别以本行信用卡系统、银联清算交易、国际组织等清算系统记录及日切时间为准，对前一日交易资金进行清算，产生分录更新总账：

取款交易：

（本行信用卡交易）借：个人卡透支等

贷：其他银行卡本行 ATM 设备交易待清算资金

贷记卡发卡收入/准贷记卡发卡收入

（银联、维萨、万事达等组织卡交易）借：待清算银行卡资金

　　　　　　　　　　　　　　　贷：其他银行卡本行 ATM 设备

　　　　　　　　　　　　　　　　　交易待清算资金

　　　　　　　　　　　　　　　　　银行卡集中清算收入

本行信用卡还款交易：

借：其他银行卡本行 ATM 设备交易待清算资金

　贷：个人卡备付金

注：ATM 设备暂不能受理非本行卡存款交易，因此不涉及银联清算资金贷记。

再通过清分系统完成与银联等组织清算：

借：存放人民银行、境外同业存放等

　贷：待清算银行卡资金

　　　银行卡集中清算收入

　　　境内卡收单收入

综上，其他银行卡本行 ATM 设备交易待清算资金账户的余额，即为 ATMP 系统与 IC 卡系统之间的日切时间差及系统单边差错交易，以及 ATMP 系统与银行卡交换系统之间的清算时间差、日切时间差及系统单边差错交易所对应的待清算资金总和。

五、交易核对及差错处理

在 ATMP 系统现金管理模式下，由 ATMP 根据本系统的成功交易记录，进行每台 ATM 机的现金合计台账记录，因此前端 ATMC 系统需与 ATMP 系统进行成功交易核对，以确定 ATM 设备清机所取出现金实物与 ATMP 系统台账不一致时的现金长短款交易。

同时如上所述，由于 ATMP 系统与后台客户账务系统间存在日切时间差和清算时间差，以及各自记账交易的不一致问题，也需进行 ATMP 系统与各后台记账系统间的交易核对，以确定清算单边差错交易，及时调整客户账；轧准待清算资金账户余额，防范资金池风险。

因此，在 ATMP 系统现金管理的模式下，实际也就形成了以 ATMP 系统成功交易为中心，分别进行 ATMC 与 ATMP、ATMP 与核心或交换系统间的分段交易核对模式。其中，通过前端 ATMC 与 ATMP 系统间的成功交易核对，确定网点前端清机时发现的现金长短款差错；通过 ATMP 与后台核心或非核心卡交换系统间的成功交易核对，确定待清算长短款差错。确定后再对两类差错分别进行不同的调账处理。

（一）清机现金核对及差错交易处理

每台设备完成清机，并将清出现金缴回后，ATM 设备清机账务处理人员即可利用交易核对及差错管理系统，进行账实以及差错交易的核对，确定本次清机周期内有无现金长短款发生。如确认存在现金长短款交易，则还需完成相关挂账、查询、调账等处理。

1. 交易核对及差错管理系统自动完成核对

一是自动分别获取柜员执行"ATM 设备现金缴回交易"时输入的每台设备缴回现金金额，和 ATMP 系统本次清机时点的各台设备现金合计台账余额进行核对，如存在不符，即判断出现了现金长短款。

二是自动获取 ATMP 系统和 ATMC 系统内同个清机周期内的全部流水记录，进行成功交易匹配，判断是否存在系统单边交易。

三是如存在不匹配的单边交易，自动根据交易的类型和单边方向，生成可疑的长款及短款交易明细，以及每笔可疑交易对应的 ATMC 设备电子流水完整片段。

2. ATM 设备账务处理人员可疑交易确认

ATM 设备账务处理柜员，通过相关柜员操作系统交易，查看交易核对及差错管理系统清机余额核对结果、可疑交易提示，进行可疑交易的确认。

通常如果账实差异金额与可疑交易金额相同，则柜员无须修改任何交易信息，直接确认即可。但如账实差异金额与可疑交易金额不等，则须认真查找原因。如查找发现废钞箱存在回收假钞情况时，还必须根据监控录像判断可疑交易是否存在客户调包或超时回收情况。原因经复核查对无误后，按照柜台实际收到的缴回真钞金额，修改长款可疑交易的金额。

3. 系统自动挂账处理

柜员完成可疑交易确认后，系统自动根据已确认长款或短款交易的金额，通过核心系统完成 ATM 设备现金长短款的挂账，产生分录送总账（以通常发生的 ATM 设备现金长款为例）：

借：自动柜员机占款（ATM 设备所属运营机构）

贷：ATM 设备现金长款暂收（ATM 设备所属运营机构）

柜员挂账成功后，交易核对及差错管理系统自动完成该 ATM 设备所属运营网点机构的 ATM 设备现金长短款台账记录与更新。

4. 长款差错交易销账

由于不同系统的交易一致性保障机制、取款自动冲正及存款补通知机制等存在不同，在以 ATMP 系统交易记录为准的对账机制下，对于核心系统签发银行卡或账户的长款交易，可直接查询确认客户账户实际发生情况后，立即销账，完成客户扣款冲回或存款补入调整。

ATM 设备账务柜员通过柜员操作系统销账时，系统自动调取并显示交易核对及差错管理系统内的该台 ATM 设备现金长短款台账记录，柜员仅需点选应销账交易后，系统即可按照原差错交易的卡号或账号、挂账金额完成客户账调整，以及相应手续费处理（绝大多数已不涉及），自动产生分录送总账：

借：ATM 设备现金长款暂收（ATM 设备所属运营机构）

贷：活期储蓄存款

但对于非核心系统签发的其他本行卡或跨行及外卡长款交易，则需进一步确认 ATMP 系统与后台系统交易核对结果中不存在同笔短款挂账的交易后，方可转销完成客户账补入，或者与银联、维萨、万事达等国际组织完成差错调整。此类差错调整因涉及后台清算交易核对结果的核查，以及与外部银联、国际组织间的差错调整处理，较为复杂，通常宜由网点将相关差错交易款项通过临时存欠科目转划至集中清算部门，由集中清算部门统一进行核对并处理。

5. 短款交易销账

由于设备无法完全避免出钞时钞票粘张的偶发问题，因此对于交易不明的 100 元金额短款，如设备厂商无法确定原因，应由厂商赔偿销账。

其他情况的短款交易，鉴于 ATM 设备交易系统宁长勿短的设计机制，均为十分异常情况下发生的问题，因此必须格外谨慎处理。一旦发生，必须先由技术部门查找确定原因后，业务部门再统一指导网点采取对应调账处理措施。

（二）清算交易核对及差错处理

交易核对系统每日自动取得外围系统（如 ATMP 系统、IST 系统等）和核心系统各自记录的交易信息后，根据双方系统交易核对文件进行匹配，分别生成正常交易、未达交易、差错交易结果报表。次日，业务人员根据对账系统产生的核对结果，进行会计记账及差错交易调整，及时转销专户挂账资金。

1. 核心系统签发银行卡本行 ATM 设备交易待清算资金账户资金

交易 T 日核心系统形成的发卡方挂账资金与 ATMP 系统形成的 ATM 设备收单方挂账资金方向相反，日终双方系统批处理时，双方记录一致的交易资金即可相互转销。对于因系统间日切时间不一致而形成的时间差交易，系统自动于 T+1 日批处理时转销。

对于核心系统签发银行卡本行 ATM 待清算资金账户挂账的核心系统签发银行卡 T 日交易，如超过 T+1 日仍未自动核销，则交易核对系统将自动生成差错交易清单，并根据每笔交易的类型、单边方向，标注提示每笔单边交易为长款还是短款，分别生成长款或短款交易明细及汇总金额。业务人员再根据交易核对系统每日产生的差错交易提示，在系统中确认单边差错交易。

系统对于确认为单边差错的交易，自动产生分录：

借：核心系统签发银行卡本行 ATM 设备交易待清算资金

　　贷：清算长款暂收

或

借：清算短款暂付

　　贷：核心系统签发银行卡本行 ATM 设备交易待清算资金

挂账成功后，清算业务人员即可查询并调整客户账，完成挂账转销。

2. 其他银行卡本行 ATM 设备交易待清算资金账户资金

对于交易发生日（T 日）ATMP 系统日切自动形成的各分行非核心系统

签发银行卡待清算资金，清分清算系统自动于 T＋1 日，按照 IST 交换系统的 T 日日切时间和交易记录为准，对各分行进行清算，转销非核心系统签发银行卡本行 ATM 设备交易待清算资金账户内的资金。对于 ATMP 系统与 IST 交换系统日切时间差部分的交易，需待 T＋2 日清分清算系统清算后自动转销。

超过 T＋2 日仍未转销的非核心系统签发银行卡本行 ATM 设备交易待清算资金账户 T 日挂账交易，交易核对系统自动生成差错交易清单，并根据每笔交易的类型、单边方向，标注提示每笔单边交易为长款还是短款交易；分别生成长款或短款交易明细及汇总金额。业务人员根据交易核对系统每日产生的差错交易提示，在系统中确认单边差错交易。

系统对确认为单边差错的交易，自动产生分录：

借：其他银行卡本行 ATM 设备交易待清算资金

　贷：清算长款暂收

或

借：清算短款暂付

　贷：其他银行卡本行 ATM 设备交易待清算资金

挂账成功后，对于本行卡交易，清算业务人员即可查询并调整客户账，完成挂账转销。对于非本行卡交易，需向银联、外卡组织等发起差错调整，银联及外卡组织清算后完成挂账转销。

六、IC 卡电子钱包交易核对及差错处理

与普通的银行卡金融账户交易不同，IC 芯片卡（包括纯电子现金卡）增加了 ATM 设备电子钱包现金圈存交易。而由于 IC 卡圈存交易增加了设备写入芯片的动作，交易路由变得更加复杂，一笔交易需要经过 ATMC 系统收现金—ATMP 系统转发交易—IC 卡系统增加电子钱包—ATMP 系统增加现金账—ATMC 系统写卡芯片完成，可能会产生差错的场景也变得更加复杂。

（一）IC 卡圈存差错相关系统基本处理要求

若 ATMC 系统现金圈存时写卡失败，应向后台 ATMP 系统增加发送存款冲正交易。ATMP 系统收到 ATMC 系统发送的存款冲正后，应将存款交易

发生时增加的该台 ATM 设备现金合计数进行相应扣减。交易核对系统相应增加金融 IC 卡（包括纯电子现金卡）ATM 设备现金圈存交易对账场景，ATMC 系统向交易核对系统上送流水交易时，需在 IC 卡类交易中增加写卡状态记录。

（二）IC 卡现金圈存差错调账基本原则

现金不平，即出现导致设备清机现金实物与 ATMP 系统现金合计余额不平的现金长短款交易时，原则上调整 IC 卡的补登账户。

清算不平，即出现 ATMP 系统与相关后台系统待清算单边交易时，原则上调整 IC 卡的电子现金账。

（三）不同差错场景及调账方法

（1）ATMC 系统收入客户现钞上送存款交易，但 ATMP 系统、IC 卡系统未能收到。此种情况下，设备现金与 ATMP 系统台账不平，需通过柜台交易调整客户 IC 卡补登账户。

（2）ATMC 收入客户现钞上送存款交易，IC 卡系统入账成功但 ATMP 系统未成功，造成设备现金与 ATMP 系统台账不平，同时后台 ATMP 系统与 IC 卡系统待清算资金不平。此种情况下，网点与一级分行需分别调账：网点需通过柜台交易进行 IC 卡补登账户的补登操作，一级分行则进行 IC 卡电子现金账的扣减处理。

（3）ATMC 系统存款成功，ATMC 系统写卡失败向后冲正，ATMP 系统冲正成功，IC 卡系统冲正成功，网点清机设备现金与 ATMP 系统台账不平。此种情况下，网点需通过柜台交易进行 IC 卡补登账户的调增。

（4）ATMC 系统存款成功，ATMC 系统写卡失败向后冲正，ATMP 系统冲正成功，但 IC 卡系统冲正未成功，此时网点清机设备现金与 ATMP 系统台账不平，同时后台 ATMP 系统与 IC 卡系统待清算资金不平。该种情况下，网点与一级分行需分别调账：网点进行 IC 卡补登账户的补登调整，一级分行进行 IC 卡电子现金账扣减处理。

（5）ATMC 系统成功收入现金，ATMP 系统以及后台 IC 卡系统均记录成功交易，但 ATMC 系统最后写卡失败，且 ATMP 系统未能成功收到 ATMC

系统发送的存款冲正交易，此时网点清机现金无差错，后台待清算资金交易核对也无不符，但客户芯片卡信息有误。该种情况发生时，由于业务人员无从判断，需要系统实现自动判断，自动扣减 IC 卡电子现金账户并反向调整 IC 卡补登账户。

（四）网点现金差错核对及处理

1. 现金长款挂账处理

交易核对及差错管理系统进行 ATMC 系统与 ATMP 系统交易核对时，同样会对 IC 卡圈存交易进行核对，区分判断出上述不同差错类型。对于（1）～（4）类型差错交易，提示 ATM 设备清机账务人员进行可疑交易确认。账务人员确认后，系统完成长款挂账处理：

借：自动柜员机占款（ATM 设备所属运营机构）

　　贷：ATM 设备现金长款暂收（ATM 设备所属运营机构）

2. 销账处理

借：ATM 设备现金长款暂收（ATM 设备所属运营机构）

　　贷：IC 卡待清算资金（ATM 设备所属一级分行）

借：IC 卡待清算资金（ATM 设备所属一级分行）

　　贷：储蓄存款（IC 卡所属机构）

（五）后台清算资金长短款

对于 IC 卡 ATM 设备现金圈存交易，后台清算交易核对及差错处理涉及两个部分：

1. ATMP 系统与 IC 卡系统交易核对，判断产生的单边差错交易处理

交易 T 日 IC 卡发卡系统形成的发卡方挂账资金与 ATMP 系统形成的 ATM 设备收单方挂账资金方向相反，日终两系统批处理时双方记录一致的交易资金即可相互转销。对于因系统间日切时间不一致而形成的时间差交易，系统于 T+1 日批处理时自动转销。

对于超过 T+1 日仍未核销的其他银行卡本行 ATM 设备交易待清算资金账户的 T 日 IC 卡现金圈存交易，交易核对系统自动生成差错交易清单。

上述交易差错场景分析中的差错场景（2）和（4），按照系统交易控制机

制，此类交易仅会存在 IC 系统单边即短款情况。业务人员根据交易核对系统每日产生的此类短款差错交易提示，在系统中确认单边差错交易。系统对确认为单边差错的交易，自动产生分录：

借：清算短款暂付

贷：其他银行卡本行 ATM 设备交易待清算资金

清算业务人员确认后，进行相应客户电子现金账户的补扣调整，核销长短款挂账。

2. 因清机后柜员进行现金差错调账处理，而再次产生差错的处理

设备清机后，网点柜员进行现金长短款差错销账调整时，对于 IC 卡现金圈存交易产生的差错，系统自动使用 IC 卡待清算资金账户，进行 IC 卡系统与核心系统过账而产生的交易核对及差错处理。

即柜员进行现金差错交易销账时，如果系统提示交易成功，则表示柜员差错调整交易顺利完成，未再产生新的过账差错。

如果系统提示柜员 IC 系统处理失败，则次日交易核对系统将核对出相应差错交易；此时网点需与分行后台清算人员进行沟通，由分行后台清算人员根据次日交易核对系统提示进行差错交易确认，系统自动完成 IC 卡待清算资金账户差错交易资金挂账，再完成客户补登账户的补贷记以及挂账转销操作。

如果系统提示柜员 IC 系统未明，则该笔交易已经销入分行 IC 卡待清算资金账户，但是否销入客户 IC 卡电子现金补登账户还未知。此时网点柜员也需与后台清算人员进行沟通，分行后台清算人员需根据 T+1 日交易核对系统的明细核对结果进行判断。如果系统提示柜员其他未明，则柜员重新执行销账交易即可。

分行后台清算人员须每日检查网点柜员系统与核心系统，以及网点柜员系统与 IC 卡系统的两类交易核对报表，如相关差错交易报表中出现核心单边差错交易时，则意味着 ATM 设备所属网点运营机构柜员销账时，遇到了相关未明状况而未按照操作规程要求再次执行销账。此时后台清算人员应要求 ATM 设备所属运营机构柜员重新执行该笔交易销账。

如后台清算人员发现网点柜员系统与 IC 卡系统间的交易核对报表中，存在 IC 卡系统存入失败的单边差错交易，则应由后台清算人员直接根据交易核对系统提示进行差错交易确认，系统自动完成 IC 卡待清算资金账户差错交易

资金转出与客户补登账户的补贷记操作。

(六) 其他 IC 卡现金圈存差错交易处理

IC 卡现金圈存交易中，ATMP 系统记录成功，但 ATMC 系统未发起写卡交易或写卡失败，即网点发现无现金差错、分行亦不能发现单边的 ATM 设备本代本现金圈存交易，系统需于设备清机当日，自动批量进行客户 IC 卡电子现金账户扣减和补登账户存款调整，以便客户可在网点对该台设备进行清机加钞的次日，重新补登，再次写卡。

ATM 设备所属机构人员则需每日查看报表，确认该类批量交易处理是否成功。如果批量补登失败，则需向技术部门提出请求，进行技术批量处理。

网点如遇客户投诉 IC 卡现金圈存后电子钱包余额未增加，清机后确无发现该笔交易现金长款的，也需通过上述相关报表进行查看。对于显示批量成功或批量正在处理的，可请客户次日重新至银行进行补登操作。如无法查找到该交易的，也必须向技术部门提出请求，查找确定原因后，方可按指示进行有关调账处理。

第六章

ATM 设备的业务操作风险控制

第一节　操作风险识别与分析

一、风险来源和关键点

ATM 自助设备交易由客户自己操作完成，但内部操作风险主要集中在仍需要人操作处理的现金、吞没卡实物，和长短款差错交易、待清算交易账务处理四个关键方面。与现金、吞没卡实物风险密切相关的还有 ATM 机密码、钥匙使用风险，因为密码、钥匙的保管、使用不当，就可能为图谋不轨的内部操作人员盗取设备内现金，或者盗取客户银行卡内资金提供可乘之机。

与 ATM 现金设备相比，各类非现金自助设备因均不存在现金实物及资金账务风险，相对风险较小。对纯自助非现金自助终端设备，仅存在与 ATM 现金设备相同的吞没卡实物风险。对具备介质发放功能的非现金自助终端设备，除存在吞没卡实物风险外，还存在空白卡、空白电子银行认证工具等重要空白凭证实物风险，并且重空风险产生的环节、原因与 ATM 设备现金实物风险相类同，均可采用同种管理手段进行防控，因此后面不再赘述。

二、几个真实的 ATM 设备业务风险案例

2004 年，上海某银行清算人员利用本行 ATM 设备业务差错处理账务管理疏漏，采用隐秘手段将 ATM 设备业务清算在途资金通过长款挂账转销操作，转入自己控制账户，侵吞客户资金。

2009 年，四川某银行，由于长期不按制度要求进行 ATM 设备账实核查，两名离行式 ATM 设备清机人员串通，长期在加钞时直接盗取现金。同时，金库柜员在未进行实际现金出入库收付的情况下，就根据虚假出入库凭证进行 ATM 机现金调拨，使犯罪分子有可乘之机对盗取现金事实进行掩盖。直到省分行根据总行突击检查工作要求，进行辖内 ATM 机钞箱占款现

金现场检查时，才发现该分行 ATM 机账实不符，经追查确定为内部清机人员作案。

2015 年，宁波某银行出纳管理部门在进行辖内机构现金库存核查时，发现某网点 ATM 设备现金占用量过大，进一步核查发现该网点 ATM 设备已长期未清机，且最后一次清机的加钞金额、清机余额存在明显超出设备正常容量金额范围的异常情况。经详细调查发现该网点的依附式 ATM 设备某清机人员，自 2014 年起长期利用该网点 ATM 设备清机加钞管理的漏洞，采取清机时支开共同操作人员，利用单人操作机会的方式，盗取 ATM 机中现金。同时该网点机构尾箱柜员也出现"信任代替制度"问题，在未见现金实物的情况下，仅凭作案人员提供的凭证办理缴领入账，客观上为作案人员提供了便利。且该网点业务核查程序形同虚设，管辖支行、一级分行检查工作不到位，总行数据监控力度尚不足等，都造成了该案件长期未被发现，损失持续扩大。

大型银行 ATM 机具数量多、产生的交易量大，ATM 机钞箱内备用现金量大，长短款情况时有发生，待清算交易资金池日发生额很高，且不同设备清机加钞频率不同、基层操作人员众多，随着社会环境的日益复杂、外部诱惑增多，任何环节人员一旦道德底线失守，利用接触 ATM 设备的现金实物或账务处理的机会作案，都会给银行造成大额经济损失。因此，ATM 设备的业务操作风险控制始终是银行基层网点操作风险管理和防控的重要内容，其中现金和账务风险防范更是重中之重。

第二节　ATM 设备的钥匙、密码风险防控

一、传统 ATM 设备的钥匙及密码

通常使用传统机械式锁具的 ATM 机日常共使用 3 把钥匙和 1 个密码，包括上部机柜钥匙、下部保险柜钥匙、保险柜内钞箱钥匙各 1 把，以及下部保

险柜转动式密码。其中使用上部机柜钥匙可以取出吞没卡，使用下部保险柜钥匙＋转动式密码可以取出钞箱，使用钞箱钥匙可以打开钞箱取出现金钞票。除上述日常使用的工作钥匙外，通常还有一套专门备用钥匙。

对于网点清机的依附式 ATM 设备，每台设备的这 3 把工作钥匙、1 个密码通常由网点 2 名清机人员分别掌握，清机时同时使用。

对于集中运营整钞箱替换方式 ATM 设备，清机时现场清机人员仅需携带并使用 2 把工作钥匙（上部机柜钥匙和下部保险柜钥匙）和下部保险柜转动式密码。钞箱取回后，再由金库人员使用钞箱钥匙打开，并进行现金清点。

ATM 设备的钥匙、密码的风险完全与金库保险柜相同，任何人在同时持有的情况下，即可直接打开设备保险柜，系统无法控制且无法自动识别取出或装入的现金金额。因此必须采取严格措施防丢失、防钥匙被带出私下配制、防非正常使用。

二、钥匙、密码风险防控要点

ATM 设备的钥匙、密码的风险防控要点在于严格实施分管制。工作钥匙与备用钥匙分管，钥匙与密码使用分管。清机时必须双人操作，操作员 A 负责管理使用钥匙、操作员 B 负责管理使用密码，两个岗位属不兼容性质，严禁由同一人管理同一台 ATM 机的钥匙和密码。

（一）ATM 设备钥匙的管理

（1）工作用钥匙的使用须建立《领用钥匙交接登记簿》，据实登记钥匙领还时间，并由交接双方签章确认。工作用钥匙由操作员 A 使用完毕后，应立即交由尾箱柜员随机构尾箱上缴或交装机网点负责人放入专用保险柜内保管，工作用钥匙不得带出工作场所。

（2）备用钥匙应由清机操作员和装机网点负责人共同核验无误后用封套封存，放入专用保险柜内妥善统一保管。

（3）遇有特殊情况需要启用备用钥匙时，必须经保管部门负责人签字同意，注明原因，做好记录，用完重新封存。

（二）ATM 设备密码的管理

（1）清机操作员 B 负责熟记 ATM 设备密码，不得泄露给任何人。密码使用人员发生更换时，或者密码由同一人使用超过 3 个月时，必须进行密码重置更换。

（2）清机操作员 B 负责将密码另行抄录封存在信封内，经签章确认后，交由装机网点负责人放入专用保险柜内妥善保管，并做好密码交接登记工作。

（3）遇有特殊情况需要启用封存密码时，必须经保管部门负责人签字同意，并注明原因，做好记录。封存密码一旦开封启用，必须立即更改。

（三）具体使用流程及风险控制要求

（1）双人清机时，操作员 A 负责领取并使用钥匙打开 ATM 设备，操作员 B 负责转动使用密码。

（2）操作员 B 负责将设备系统切换到维护状态，登录系统检查耗材信息，选择清机加钞操作。双人共同打开上部机柜和下部保险柜后，操作员 A 完成现钞实物取出及填装，操作员 B 在系统中输入本次加钞金额，并提交操作员 A 复核确认后，完成本次加钞金额设置。

（3）清机结束后，操作员 A 需闭锁并拔下钥匙，操作员 B 打乱密码。钥匙立即交还机构尾箱柜员，或由网点保险库管理人员保管。

（4）钥匙每次领取及交还均需登记，由领用人和保管人双人签章确认。

三、电子密码锁应用

（一）电子密码锁基本工作原理

近年来发展起来的电子密码锁，主要应用在公安枪弹保险柜、档案保管柜、金库大门、ATM 设备保险柜等需要进行集约化管理的高安全性、高保密性场所。主要包括三大部分装置：一是后台管理系统服务器；二是安装在 ATM 机保险柜上的动态密码锁具，通常安装在原机械转动式密码锁位置（安装前后效果如图 6-1 所示）；三是中间密码传递类工具，包括 PDA（掌上电脑）手持终端电子钥匙（如图 6 - 2 所示）等。

安装前　　　　　　　　　　　　　　安装后

图 6 - 1　ATM 保险柜上动态密码锁具安装前后效果图

图 6 - 2　PDA 手持终端电子钥匙

电子密码锁的基本工作原理与 eToken、电子密码器等电子认证工具系统的使用原理类似，后台系统服务器与动态密码锁具两大关键部件，使用相同的算法机制，按次同时生成相同的使用密码。每次在动态密码锁具端输入本次应使用密码并校验一致时，锁具开启。后台服务器起到使开锁操作人员每次获取本次校验密码的作用，并通过获取操作完成计次。动态密码锁具起到输入并校验密码的作用，并通过输入校验操作完成计次。电子钥匙和 PDA 均仅起到传递密码的作用，密码不再需要开锁操作人员记忆。

实际中，不同厂商往往使用不同的密码生成及校验算法控制本品牌的动态密码锁具，只能识别本厂商 PDA 或电子钥匙传输的本厂商服务器校验密码，不能共用其他厂商销售的中间输递 PDA 或电子钥匙和后台服务器。因此，厂商通常利用该种手段，向银行出售不同的动态密码锁具，同时，配套出售或提供本厂商的后台服务器及 PDA 或电子钥匙，以达到排斥竞争对手、扩大销售的目的。

（二）电子密码锁使用流程及风险控制措施

目前主流厂商有 3 种模式的电子密码锁，手持 PDA 开锁式、电子钥匙开锁式和指纹开锁式，均可安装于 ATM 设备保险柜，达到取代 ATM 设备保险柜钥匙和转动式密码的效果，但原 ATM 设备上部机柜钥匙和钞箱钥匙仍须携带和使用。

（1）PDA 手持智能终端开锁模式，主要应用于集中运营离行式设备，分行增加厂商服务器管理系统客户端（含非接触式密码器、指纹仪，以下简称系统客户端），PDA 手持终端，同时 ATM 设备保险柜安装动态密码锁具。基本使用流程为：

1）清机调度员指纹登录系统客户端，根据当日制定的加钞计划在系统中进行指定时间、指定人员、指定设备的任务计划创建，并提交复核。

2）PDA 保管员与两名指定清机操作员当面开启 PDA，完成本次清机所有设备离线任务下载，将 PDA 交给两名指定清机操作员。

3）两名清机操作员领取并携带 ATM 设备的上机柜钥匙，持 PDA 至 ATM 设备端，使用钥匙打开上机柜；将 PDA 贴近保险柜动态密码锁具开启 PDA，双人分别在 PDA 上验证指纹后，打开保险柜，完成钞箱取出及填装、本次加钞金额设置等操作。

4）清机结束后，清机操作员关闭上机柜取下钥匙，确认关闭 ATM 设备保险柜门，在锁具端进行闭锁操作，PDA 接收到闭锁信息后完成闭锁。

5）两名清机操作员逐台完成所有设备清机后返回，向金库人员缴回清出现金及钞箱；将 PDA 交清机调度员。清机调度员指纹登录系统客户端，操作上传 PDA 当天的操作结果至系统中存档后，将 PDA 交还清机操作员。清机操作员将 PDA、上机柜钥匙交保管员，并在《登记簿》上完成交接登记。

（2）电子钥匙开锁模式，主要应用于网点依附式设备。网点增加厂商服务器管理系统客户端，两个电子钥匙（F0 钥匙、F1 密码），同时 ATM 设备保险柜安装动态密码锁具。基本使用流程为：

1）清机调度员指纹登录系统客户端，分配当日清机任务，指定本次清机

ATM设备编号、清机人员，并提交复核人员复核。

2）本次被指定的两名清机人员于系统客户端完成指纹验证，清机调试员将两个电子钥匙通过非接触式密码器获取本次清机每台设备的开机密码，完成激活并提交复核后，分别交付两名清机人员。

3）清机操作员领用设备上机柜钥匙和各自的电子钥匙后，至ATM设备端使用钥匙打开上机柜，将两个电子钥匙分别贴近保险柜动态密码锁具，打开保险柜，取出并打开钞箱，完成现钞取出及填装，本次加钞金额设置等操作。

4）清机结束后，关闭上机柜取下钥匙。关闭保险柜，再次分别将两个电子钥匙贴近设备保险柜动态密码锁具，完成闭锁操作。

5）清机操作员向柜员缴回清出现金；向机柜及钞箱钥匙保管员缴回钥匙，完成使用缴回登记；向清机调度员缴回两个电子钥匙实物。

6）清机调度员再次指纹登录系统客户端，操作完成电子钥匙回收登记操作。

（3）指纹开锁模式。网点增加厂商服务器管理系统客户端（含加密机、指纹仪），WAP数据交换器，同时ATM设备保险柜安装指纹动态密码锁具。基本使用流程为：

1）清机调度员指纹登录系统客户端，根据当日制定的加钞计划在系统中进行指定时间、指定人员、指定设备的任务计划创建，并提交复核。

2）清机操作员到达ATMC系统端后，双人分别在指纹锁上验证指纹，开启密码锁。

3）加钞完毕后，关闭ATM设备保险柜门，锁具自动将闭锁码通过WAP传输到后台服务器管理系统。

（三）异常模式处理

实际使用中，由于厂商系统不稳定、清机人员未正常完成闭锁操作等原因，时常出现异常情况。一旦出现，需按照异常紧急处理流程，两名清机人员在锁器端，清机调度员及复核员在系统客户端，通过电话沟通，反复输入对方告知的密码，完成后台与锁器的再次鉴权及算法同步，实现开锁。

以电子钥匙模式异常开锁为例，具体流程为：

（1）电子钥匙 F1（密码作用）异常情况下使用流程为：

1）清机操作员 A 电话联系清机调度员告知本次任务下电子钥匙 F1 异常无法开锁，申请紧急开锁。

2）清机操作员 B 将钥匙 F0 接触 ATM 设备电子密码锁器，将锁器端产生的 17 位开锁申请密码电话告知清机调度员。

3）清机调度员指纹登录系统客户端，找到该台设备任务核实后选择辅助开锁，经复核人员指纹复核后将 17 位开锁申请码输入系统中，系统生成 6 位数开锁码并电话告知清机操作员 A。

4）清机操作员 A 将 6 位开锁码输入 ATM 设备上的电子密码锁，完成开锁。

5）清机加钞结束后关闭箱门，清机操作员 A 记录密码锁上的闭锁码，并告知清机调度员。

6）清机调度员将该闭码锁输入后台系统中，完成本次清机加钞任务。

（2）电子钥匙 F0（钥匙作用）异常情况下使用流程为：

1）清机操作员 B 电话联系清机调度员告知本次任务下电子钥匙 F0 异常无法开锁，申请应急开锁。

2）清机调度员指纹登录系统客户端，找到该台设备任务核实后选择辅助开锁。复核人员指纹复核后，系统自动显示一个随机生成的身份码，复核人员将该身份码电话告知清机操作员 B。

3）清机操作员 B 将身份码输入电子密码锁，将生成的 17 位开锁申请码电话告知清机调度员。

4）清机调度员将 17 位开锁申请码输入系统客户端，将系统再次生成的 6 位开锁码电话告知清机操作员 A。

5）清机操作员 A 将 6 位开锁码输入 ATM 设备电子密码锁具，完成开锁。

（四）电子密码锁主要优缺点

1. 针对集中运营式设备，便捷性提升明显

大幅减少清机人员携带保险柜钥匙及记忆密码的不便。因使用一台 PDA 设备，可传输多台设备开机密码，完成同一厂商多台设备的动态密码锁开锁，

因此清机操作员可以省去一次进行多台设备清机时，携带多把保险柜钥匙和记忆多个保险柜密码的不便。但设备上机柜钥匙仍须领用携带。

减少了钥匙丢失的可能性，避免了原保险柜转动式密码定期更换的操作。以前机械钥匙一旦丢失需回原厂配制，现在 PDA 丢了，换一个备用的即可。以前清机密码使用人员更换时，需提前更换设置密码，如突然生病或临时发生变故无法上班，则无法清机，或必须采取额外措施。现在密码改为每次随机生成，使用后立即失效，省时省力。

2. 针对网点清机依附式设备，便捷性提升有限，操作环节增多

因网点设备通常较少（多数网点 2～3 台），携带钥匙及记忆密码通常不是问题，日常清机便捷性提升不大。采用电子密码锁的主要好处：一是可避免清机后原机械式密码忘记按要求打乱问题；二是可解决清机密码使用人员临时因变故无法上班，或非工作日密码使用人员不上班而无法清机的问题。

主要缺点：一是每次清机增加了系统客户端任务派发、清机后系统客户端钥匙收回等操作步骤和占用人力，尤其是异常清机处理，网点需同时占用 4 名人员才能共同完成。二是由于目前较多分行采取 ATM 设备工作钥匙由中心柜员随尾箱保管方式，如由中心柜员进行电子密码锁系统客户端操作则将在一定程度上影响柜台服务，如由中心柜员进行钥匙保管，由业务经理等负责系统客户端操作，则将增加 ATM 设备清机工作中人员角色和占用人员。

3. 一级分行、二级分行均需增加相应电子密码锁系统维护管理职责及工作量

网点电子密码锁系统客户端用户、清机人员变动时，均需及时向二级分行系统管理员申请进行人员信息维护、指纹信息维护等变动，二级分行系统管理员变动时，需向一级分行系统管理员及时申请变动。同时一级分行人员需增加每个电子密码锁厂商系统内的机构信息、ATM 设备机具信息、PDA 或电子钥匙等信息维护等工作职责及工作量。

4. 电子密码锁的使用，并不能改变或减少原 ATM 设备清机过程中双人清机时，未能有效相互监督的风险

例如，上述 2015 年某银行案件中，犯罪分子利用柜台负责 ATM 设备现金领缴柜员不合规操作，共同清机人员未有效履职，乘机作案的问题，无法

通过使用电子密码锁避免。

（五）潜在风险

（1）该项技术的关键在于密码生成算法及校验密码过程的安全性，如果整体采购外部厂商设备及算法，密码生成及校验完全由厂商控制，技术安全性完全依赖厂商，则不可避免地存在技术及道德隐患。

（2）某些厂商采用赠送全部相关后台系统及运维服务的方式，促使分行自行购买投产，避免向总行申请开发支持。在这种情况下，厂商负责了银行ATM业务中保险柜密码的生成、传输及验证，而技术方案等均未经总行技术部门把关审核，并且日常运行维护中均由厂商支持负责，极易存在技术安全隐患，影响到设备内现金安全。

（3）实际使用中，时常遇到因系统不稳定或清机后忘记完成闭锁操作等原因，需按异常情况处置流程手动开锁，设备端与后台间需多次人工配合操作的情况，一定程度上增加了基层网点工作量。同时如遇厂商后台服务故障等问题，也将造成银行大面积设备无法清机的问题，形成业务连续性风险。

（4）使用电子密码的ATM设备清机过程中，尤其异常情况下的清机处理，涉及多个人员角色和更多人员占用。在人员短缺的网点，容易出现一人兼任多个角色问题，形成新的"一手清"操作风险，监控防范难度加大。

（六）价值分析及风险控制对策

此类机具对集中运营清机设备较为适用，可有效减少一组人员清机多台设备时，需携带多把ATM设备保险柜钥匙和记忆多台设备保险柜密码的不便，避免了清机后忘记打乱保险柜密码的风险。

对网点清机设备操作便捷性也可提升，但相对有限，一定程度上增加了网点ATM设备清机加钞过程中的人员占用和操作复杂性，增加了网点出现"一手清"风险的隐患。

因此，银行应采取密码生成算法及后台系统由银行自行开发，仅采购厂商的锁具及相关密码传输工具的方式；或者进而采取密码传输也使用自身平台完成，不使用任何厂商 PDA 或电子钥匙设备介质，仅采购厂商锁具的方式。严格控制密码生成、传输关键环节风险，以确保自身安全性，同时充分利用新技术优点，提升 ATM 设备钥匙、密码管理和使用的便捷性，提升 ATM 设备操作效率，减少风险隐患。同步建立健全制度性约束措施，严格控制电子密码锁使用过程中的基层网点操作风险。

第三节　吞没卡风险防控

一、吞没卡产生的原因及构成

从银行实际数据来看，吞没卡发生的概率整体很低，仅 0.02%～0.03%。但每日客户持卡交易有 1 000 万～1 500 万笔，因此设备每日吞没卡数量不容忽视。

按照中国人民银行相关规范，所有 ATM 现金设备和非现金自助终端类设备，在以下三类情形下会做吞卡处理：

第一类：客户超时未取吞卡。

在客户使用 ATM 设备交易过程中，设备会在交易完成或需中断退出的时候进行退卡，并通过屏幕和语音提示客户取卡，但总有少部分客户由于各种原因未能及时从设备读卡器中拔出取走卡片。为保护客户银行卡及资金安全，银行均会将设备设置为自动检测，如发现超过 30～50 秒卡仍未被取走，则自动吞卡收回至设备内的废卡箱保管。

这类客户超时未取原因造成的吞卡量最大，可占到实际全部吞卡量的80% 以上。

第二类：读卡器故障，以及设备其他部件故障或网络故障原因设备自动重启时刚好有卡滞留，造成吞卡。

第三类：发卡系统指令吞卡。

ATM 管理系统会在收到后台发卡系统五种非正常返回码时，指令设备

吞卡:

(1) 返回码××——银行已没收卡。

(2) 返回码××——有作弊嫌疑的卡。

(3) 返回码××——挂失卡片（临时挂失和密码挂失）。

(4) 返回码××——被盗卡/卡已冻结。

(5) 返回码××——正式挂失、黑名单卡、卡二磁信息验证不对。

上述第二类设备自身或网络故障吞卡，以及第三类发卡系统指令吞卡，约可占到剩余吞卡量20%的各一半。

二、吞没卡的关键风险点

在上述三类原因造成的吞没卡中，除第三类发卡系统指令吞卡，银行不得返还客户，必须按规范要求处理，其余两类客户遗忘超时未取吞卡和银行设备网络故障吞卡，均可验证客户身份后返还客户继续使用，也就是说，将近90%的吞没卡是需要返还给客户的。这些被吞没的有效卡在未返还客户前，必须替客户严密保管，防止被不法人员盗用。

因此吞没卡风险的防控要点，可以总结为"减、记、查"三项。"减"是指尽最大可能，减少上述第一类和第二类客户有效卡吞没保管数量。"记"是指建立详细的系统登记台账，确保每张吞没卡每个处理环节记录清晰、责任人明确。"查"是指建立严格的日常检查、核查机制，确保实物、台账相符，防范吞没卡取出及保管等环节接触人员的道德风险问题。

三、吞没卡的减少方法

自助设备吞卡机制是保护客户卡片和资金安全的必要屏障，因此减少吞没卡并不是要改变设备处理机制不再吞卡，而是应从方便客户取卡入手，减少滞留在设备内需银行人员后续处理的吞没卡。

目前技术上有两种方法支持客户自助从ATM机中取回吞没卡，不需要银行开机取出卡返还客户。第一种是即刻式自助取卡，第二种是不限时自助取卡。

（一）即刻式自助取卡

这种方法利用的是设备吞卡时先将卡片暂存于设备卡槽内，然后才吞入废卡箱的处理机制。设备发生吞没卡时，系统立即自动判断，对第一类因客户超时未取造成的吞卡，和第二类因设备或网络故障导致吞卡但自动检测机具硬件本身无故障（如卡住了、口被粘住了等）的吞卡，会自动通过界面文字和语音，提示客户输入密码将卡取回。客户于 90 秒内正确输入密码，设备即将暂存于卡槽中的吞没卡退出；客户如未操作或输入密码不正确，设备再将卡正式吞入废卡箱保存。

实现这种方式的自助取回，银行无须改变原有自助设备硬件配置，仅需完成软件系统改造，即可对所有设备进行系统升级以增加该功能，设备改造速度快、覆盖面大。相当一部分客户也能在发生状况时，立即意识到卡被吞了，从而按提示再次输密验证后自助取回卡片。从实际效果来看，即刻式自助取卡功能全面投产后，吞没卡发生的概率已从前面提到的 0.02%～0.03% 下降到 0.01%，效果十分显著，大大减少了银行需人工处理的吞没卡数量，从而也有效地降低了吞没卡处理过程中可能发生的内部操作风险。

（二）不限时自助取卡

即刻式取卡的不足在于，如果吞卡后客户未能及时按提示在 90 秒内输入正确密码，卡就会从卡槽正式被吞入废卡箱，一旦进入废卡箱卡将不能再从插卡口退出，必须由银行人员操作才能取出，也就是说超时客户将不再能自助取回，必须到银行网点柜台方可办理取回了。

为弥补即刻式自助取卡功能的不足，设备厂商也提供了另外一种硬件解决方案，即在设备读卡器后侧加装一个可退式卡回收槽，该卡槽通常可容纳 5 张吞没卡。客户不受时间限制，可随时选择屏幕上自助取卡按钮，输入自己卡号的后四位，系统自动查找匹配进入可退式卡回收槽内的吞没卡卡号，并回显卡号；客户确认并输入密码验证通过后，设备自动将指定卡号的吞没卡由可退式卡回收槽内退出至插卡口，等待客户取出。

该种方式最大的优点在于客户取卡不受吞没时间限制，只要吞卡后设备尚未清机，卡还在设备的可退式卡回收槽内，客户即可随时取回。但缺点在于除改造软件系统外，还需增加设备的硬件配置，每台设备成本会增加 3 000～3 500元左右。因老设备加装改造通常难度大、实现慢，且易对设备其他配件造成损伤从而影响使用，银行通常采取待无此硬件模块的老旧设备报废淘汰后，再采购具备该模块功能的新设备方式逐步替代，因此新功能覆盖速度相对较慢；同时受回收槽容量限制，每台设备仅可支持 5 张以内吞没卡的随时自助取回。

四、吞没卡人工处理环节具体风险防控措施

银行内部的吞没卡人工处理环节主要包括：清机取卡、网点吞没卡保管员接收保管、客户身份核验及返还、销毁或上缴。主要防控要点为：双人核点、专人保管、全程台账登记。

（一）清机取卡

此环节的防控要点为：双人核点确认，防止私自留存。具体操作要求为：

（1）双人清机时，负责使用钥匙打开 ATM 设备的操作员 A 打开设备废卡箱，取出全部吞没卡，清点后，交操作员 B 再次清点确认张数。双人核点，防止私自留存。

（2）清机后，操作员 B 登录相关管理系统，查看本次清机的 ATM 设备的吞没卡系统记录，逐张与取出的实物卡进行核验。对系统中有记录，但是无实物卡的，应立即查看吞卡记录时间以后的相关设备操作监控录像，确认是否有紧急取卡情况发生。若发现已紧急取卡的，应及时向紧急取卡操作人员索取客户签字的《紧急取卡申请表》，确认相符后，将系统中的该卡状态标志为"已紧急取卡"。如发现非由紧急取卡造成的，则应立即报告技术部门协查原因。全部吞没卡记录核对无误后，勾选待移交保管的吞没卡记录，选择指定保管及返还处理网点机构后，提交操作员 A 复核。系统自动记录本次清机取出卡片的经办人为操作员 B、复核人为操作员 A；并记录转移到指定保管的网点机构名下，打印吞没卡交易清单。

（二）网点吞没卡保管员接收保管

此环节的防控要点为：专人保管、账实相符。具体操作要求为：

（1）各网点机构均应指定专门的 ATM 自助设备吞没卡保管员，负责吞没卡接收与保管。ATM 吞没卡保管员严禁由 ATM 清机操作员 B 兼任，确保吞没卡保管员接收卡片时，双人间交接确认。

（2）吞没卡保管员接收吞没卡时，根据经 ATM 清机操作员 A 和操作员 B 双人签章确认的系统打印吞没卡交付清单，进行逐张核对与清点，确定所接收吞没卡实物与清单内卡号等信息完全一致后，执行相关柜员系统交易，调看本网点机构名下待接收吞没卡明细，逐条确认本次接收卡片，并打印交易执行结果，并连同收到的吞没卡交付清单，一并作为该笔接收业务凭证留存备查。

（三）客户身份核验及返还

因客户超时未取或设备及网络故障造成的吞没卡，银行可返还客户继续使用。此环节的防控要点为：确认客户身份、本人签字领取、系统记录完整。具体操作要求为：

1. 紧急取卡

对非营业时间内，由于客户特殊需要，银行需为客户办理紧急取卡的情况，ATM 设备清机持钥匙人员或持备用钥匙取卡的紧急取卡人员，从设备端取出吞没卡后，应核实客户有效身份证件，并由客户现场于设备端验密成功后，请客户填写《紧急取卡申请表》，留下电话并签字后，方能将卡交付客户。

紧急取卡时，银行取卡人员应认真核验卡片样式，如发现疑似伪卡，或现场验密未能通过的，或出现再次吞卡的，均不得返还客户。

紧急取卡后，紧急取卡人员应最晚在第二个工作日内，将《紧急取卡申请表》交至该设备负责清机的操作员 B 处。由 ATM 设备清机操作员 B，凭《紧急取卡申请表》内信息，在相应管理系统中将该张吞没卡状态标志为"已紧急取卡"，并登记紧急取卡工作人员姓名、员工代码等，以确保系统台账记录完整准确，责任可查。

2. 正常柜台取卡

客户柜台取卡通常有两种形式：凭证件验密返还和仅凭证件返还。

为确保客户卡片安全，ATM 设备吞没的设备所属银行的银行卡，均应由客户本人凭身份证件，至柜台验密后领取。原则上银行不接受由他人代领 ATM 设备吞没卡。对本行客户确因本人疾病等特殊原因，无法至银行柜台领取的，银行可参照个人代办挂失审核条件确定代办人资格，并以"凭证件领取"方式办理领卡。代办领卡时，需请客户提供代办人和被代办人有效身份证件及被代办人的授权委托书。

对吞没的境外卡、他行卡等，因 ATM 设备所属设备银行无法查询客户开卡身份信息，原则上均应采用验密取卡方式验证客户身份，以保证不被他人冒领。如此类卡办理取回时，客户无法正确输入密码，或境外信用卡无密码时，凭客户提供与吞没卡背面签名一致的有效证件，或发卡行出具的可证明该证件执有人确为持卡人本人的相关证明材料，或公证机关所出具的公证文件等法律认可且能确认所领卡片持卡人身份的其他方式，经强制核准后以"凭证件领取"的方式，为客户办理领卡，但不能接受代办。

柜员为客户办理凭证件验密返还时，系统控制及客户办理流程最为简单。客户无须填写申请表，直接向柜员出示开卡时所用有效身份证件，并向柜员提供卡号。柜员执行相关柜台系统交易，完成个人客户身份信息联网核查，确认领取人为所持证件本人后，选择"凭密码领取"，根据客户提供的卡号或客户提供的本人证件，查询到相应吞没卡信息，取出该张吞没卡实物卡后，刷卡。客户根据系统提示输入密码且验密通过后，系统自动回显该张卡片的客户开卡信息。柜员核对系统显示的发卡系统预留的客户姓名、性别、身份证号等信息，核实与客户证件信息一致后，确认交易并打印交易凭证，交客户签字后作为该笔交易业务凭证银行留存。系统同步自动完成吞没卡台账记录状态更新、记录返还时间、执行柜员等信息。

柜员为客户办理仅凭证件返还时，无刷卡验密步骤，但系统须控制增加强制复核环节，双人验证确认系统显示的客户预留信息与客户所持证件信息一致，确保客户身份验证无误后，完成交易并打印凭证，客户签字留存，将卡片返还客户。

（四）销毁/上缴

对于因发卡系统指令吞卡不能退还客户以及超过一定时限客户仍未取走的吞没卡，其中ATM设备所属银行的银行卡需按程序销毁，他行卡及境外卡需按照中国银联或相关国际银行卡组织要求处理。此环节的防控要点为：监控销毁、双人操作、确保磁条和芯片完整性破坏。具体操作要求为：

（1）对因发卡系统指令吞卡不能退还客户的吞没卡，以及吞没后超过20个工作日（参照银联相关规定）客户仍未来领取的ATM设备所属银行发行的银行卡，吞没卡保管员须在系统中执行相关销毁登记交易，并由复核人员进行授权后，打印明细凭证。

（2）吞没卡保管员在复核人员监督及录像监控下，对照销毁清单核点需销毁的实物卡后，将实物卡片的磁条和芯片一并剪角处理（磁条卡须破坏磁条完整性、芯片卡须破坏芯片完整性，对芯片卡电子钱包内有余额的，按照相应产品主管部门的要求处理），完成实物销毁。

（3）对吞没的他行卡和境外卡，吞没卡保管员将吞没卡剪角破坏后，执行相关吞没卡上缴交易并经复核后，打印相关业务凭证（一式两联）。第一联连同剪角后吞没卡实物，交上级分行银行卡主管部门处理；第二联作为本网点上缴交易凭证，留档备查。上级分行银行卡主管部门接到上缴卡片，清点核对无误后，执行相关吞没卡查询领取交易，完成接收，并按照银行卡相关管理要求做后续处理。

（五）机构核查

作为风险防范的重要一环，网点还须有专门人员，定期进行吞没卡核查。此环节的防控要点为：报表账账相符、账实相符。具体操作要求为：

（1）专职内控管理人员，每日通过系统生成的吞没卡台账报表，核对当日本机构柜员执行吞没卡接收交易接收的吞没卡实物，与台账报表中新增吞没卡一致。核对当日"已领取""已销毁""已上缴"的吞没卡，与各相关柜员的系统交易凭证一致。本机构存量吞没卡数量－上日存量吞没卡数量＝本机构今日接收的吞没卡数量－客户已领取吞没卡数量－本机构当日销毁/上缴吞没卡数量。

（2）网点负责人定期进行吞没卡实物与台账报表记录的核查，确保本机构保管的吞没卡无保管不当丢失等情况发生。

第四节　ATM 设备的现金风险防控

一、现金风险关键环节

ATM 设备现金盗用风险，主要存在于清机加钞人员向机构尾箱或金库办理领缴款，以及在 ATM 设备端进行清机加钞的这个过程中。柜台或金库收付制度执行不严、清机加钞过程中单人操作无有效监督、监控检查人员不履职，是导致不法人员有机可乘盗取 ATM 现金的三个根本原因。正如"奶酪原理"中描述的：叠放在一起的若干片奶酪，光线很难穿透。但当许多片奶酪的洞刚好形成串联关系时，光线就会完全穿过。前面提到的四川和宁波某银行的案件，都是三个关键环节同时失控，造成 ATM 设备清机人员作案得逞。

因此，防控 ATM 设备现金操作风险，就需要牢牢控制住柜台/金库现金领出及收缴、ATM 机具端清机加钞、监控核查这三个关键环节，采取技术和制度手段，控制风险、监测风险、规避风险。

（一）柜台/金库现金领出及收缴环节，严格收付制度、限额管理

首先，柜台/金库办理 ATM 设备现金领出和收缴业务时，均必须严格执行现金收付的基本制度，即"收付现金必须坚持先收款后记账，先记账后付款"。严禁在未进行现金交接核点的情况下，执行系统收付交易。确保柜台/金库柜员起到对 ATM 设备清机操作人员的制约作用。

其次，须对 ATM 设备领用钞进行严格的限额控制。每台 ATM 设备的钞箱都有最大容量限制，同时也都有日常合理用钞量数据。因此可以利用系统，对 ATM 设备领用钞实行两级限额控制。一是总行根据所选型采购设备，设定

每款设备的最大加钞量，系统严格控制不得突破；二是分行可根据每台设备的日常用钞量，设置每台设备的合理加钞额，系统控制虽允许柜台/金库超额领出，但一旦出现将自动纳入各上级行风险预警报表，上级分行根据预警报表重点核查。

（二）ATM 清机加钞环节，双人清机、严禁清出现金直接填装

由于 ATM 清机加钞人员使用钥匙打开设备及钞箱后，即可直接放入和取出现金，设备无法清点。因此，必须实行双人清机加钞制度，两名清机操作人员岗位不兼容，严禁同一人员兼任。两人互相监督、互为牵制。

（1）清机操作时，一人负责钥匙，一人负责密码，双人开机。一人负责取出/填装现金等实物操作，一人负责登录 ATMC 系统进行加钞金额设置等系统操作，并且系统控制加钞金额设置后须经另一人复核确认，以确保双人相互确认现金实物与系统设置保持一致。

（2）清机取出的剩余现金经双人清点确认后，据实缴回柜台尾箱柜员（集中外包清机设备可采用整钞箱替换、集中整理清点方式，据实缴回金库）。

（3）柜台/金库柜员接收并清点后，据实完成 ATM 设备缴回款交易。系统自动进行柜员接收缴回交易金额与 ATM 设备台账金额的核对，并匹配查找出可疑的 ATM 设备长短款交易，以供 ATM 设备账务处理人员确认。

多起案件表明，不法分子往往利用单人操作机会，采取虚假设置加钞金额手段，直接侵占 ATM 设备领用款；或采取谎称已将清机剩余款重新填装、虚假设置加钞金额的手段，侵占 ATM 设备剩余款。因此，必须严禁单人清机加钞，严禁将清机取出的剩余现金不交回柜台或者金库，直接再次填装入 ATM 设备。

系统上也应增加 ATMC 系统实名登录、加钞金额输入限制、强制复核、本次清机及加钞金额回显及打印等，加强双人加钞流程电子化控制，确保系统台账记录正确。

（三）监控核查环节，确保账账相符、账实相符

除上述系统控制外，网点及上级机构持续核查也是制度禁止性要求落实执行的重要保障。

对于建有全辖集中的 ATMP 管理系统的银行，总行、一级分行、二级分行等，均可远程进行 ATM 机占款发生额和余额的账账核查监控。

利用 ATMP 系统的分设备现金台账管理机制，每日按机构进行 ATMP 系统台账记录借贷发生额与柜员执行领缴款发生额及客户存取款发生额间核对，进行 ATMP 系统台账记录余额与总账系统各机构 ATM 设备占款账户余额间核对。依据系统每日进行的发生额和余额账账核查结果，排查柜员领缴额与 ATM 加钞清出金额不符、违规反顺序操作、超正常限额领加钞、长期不清机等异常情况，有针对性地开展上级行录像调看或现场检查等，防范清机加钞过程中出现现金被清机操作人员盗用的风险。

除每日利用系统数据进行账账核查外，还必须规定严格的现场账实核查制度，以防范清机人员串通作案。通常要求网点专职内控核查人员，每月须至少现场跟随本机构清机人员对所有 ATM 设备清机一次，并对本机构 ATM 设备现金领缴、清机加钞过程进行不定期录像抽查，重点核查本机构清机加钞合规操作情况、ATM 设备内现金实物账实相符情况等，防范现金挪用、盗用操作风险。机构负责人须每季度不定期，至少安排跟随清机一次，核查辖内所有 ATM 设备内实物现金，与 ATMP 系统台账账面现金量相符情况。总行、一级分行还可不定期采取突击交叉检查方式，进行账实核查，确保实物、账面时时相符。

二、关于一体机设备自动清点查库功能

自 2013 年起，使用日系验钞技术的 ATM 设备厂商开始宣称其一体机设备增加了远程自清机功能，可有效防范清机加钞过程中的现金风险，实现单人清机加钞和远程账实核查功能，游说各家银行购买，加快更新或替代其他厂商设备。但实际上，由于该项技术存在无法核查设备内全部现金的缺陷，厂商宣称效果实际无法实现，该功能仅可作为远程核查的参考辅助手段，应用价值有限。

（一）设备功能原理

新功能主要利用了钞箱间的双通道往复传送技术，实现加钞自动验钞清

点、自动清机清点、钞箱内现金自动计数清点三大功能。

实现原理如图6-3所示，一体机设备中通常有4个可用存取钞箱（RB1、RB2、RB3、RB5）、1个废钞/回收钞箱（未标号钞箱），正常情况下4个RB钞箱均可加钞并对外提供存取款服务，废钞/回收箱用于存放客户取款过程中设备中无法通过验钞模块对外支付、客户超时未取回收钞等不能继续对外支付的钞票。

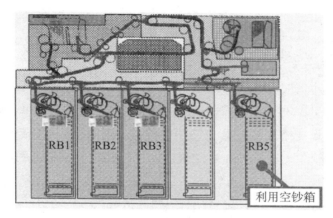

图6-3　ATM一体机设备内部钞箱示意图

注：图片为作者手工绘制。

具备自动清点功能的一体机设备，则要求将上述RB5钞箱始终作为加回钞或清点中转使用，不再参与对外服务，从而通过远程操纵RB1、RB2、RB3钞箱现金向RB5钞箱单向归集，或RB5钞箱现金向RB1、RB2、RB3钞箱填加，或RB1、RB2、RB3钞箱内现金经由RB5空钞箱后回流，实现验钞及验钞通过钞票的计数。

（二）具体实现功能

1. 加钞自动验钞清点功能

可控制纸币流向RB5—BV—RB，即纸币由RB5钞箱经过验钞模块（BV）进入指定的RB1、RB2或RB3循环钞箱，实现利用RB5钞箱，向RB1、RB2、RB3钞箱加钞，同时计数。但该过程中，RB5钞箱内预装现钞中无法验钞通过的，将直接进入废钞/回收钞箱且无法计数；即无法实现全部加入现钞的自动清点。

2. 自动清机清点功能

可控制纸币流向 RB—BV—RB5，即将指定张数的纸币由指定 RB 循环钞箱经过验钞模块进入 RB5 钞箱，实现指定 RB1、RB2 或 RB3 钞箱内的纸币按照指定张数向 RB5 钞箱进行单向归集并计数的功能。

如利用该功能实现清机自动清点功能，前提是必须预先知道 RB1、RB2、RB3 钞箱内的准确现金张数，且该过程，RB1、RB2、RB3 钞箱中无法验钞通过的现钞，将直接进入废钞/回收钞箱且无法计数：即无法实现全部清机现钞的自动清点。

3. 钞箱内现金自动计数清点功能

可控制纸币流向 RB—BV—RB5—BV—RB，即纸币从循环钞箱经过验钞模块进入空的 RB5 钞箱，再原路返回，实现对该三个钞箱内纸币现钞的验钞及计数清点。但前提是 RB5 钞箱必须保持空钞箱状态，且计数过程中 RB1、RB2、RB3 钞箱中无法验钞通过的现钞，将直接进入废钞/回收钞箱且无法计数。

从上述处理流程中可以看到，对于加钞清点、清机清点、计数清点三项功能，废钞/回收钞箱内钞票均无法支持，任何情况均不能实现自动清点。

（三）实际应用存在问题分析

1. 清机环节应用存在问题

一是废钞/回收钞箱内钞票无法自动清点计数，设备自动清点计数与实际金额间存在较大误差，还需人工清点输入最终准确数字。

二是 RB1、RB2、RB3 钞箱内现金如采用自动清机清点功能，利用 RB5 空钞箱自动清点取出，则网点还需增配备用钞箱（最多需增加 3 个），造成设备成本上升。与集中运营设备直接拔换钞箱和非集中运营设备直接取出现金相比，利用自动清机清点功能清出 3 个钞箱，最多将造成设备停止对外服务时间延长 20 余分钟。

对此，厂商通常给出的解决建议是采用钞箱内现金自动计数清点功能将 RB1、RB2、RB3 钞箱内剩余现金自动清点后，直接作为下一账期加入金额留存在设备中，即银行将全额领缴方法改为差额领缴方法操作。但如按差额领缴法操作，一旦出现双人操作制约失效，例如出现人为反复插拔钞箱计数，造成系统数据失真情况，极易产生资金盗取风险且难以及时发现。同时，如采用该方法完成 3 个钞箱清点，最多将造成设备停止对外服务时间延长 40 余分钟，严重影响设备正常服务有效时间。

2. 加钞环节应用存在问题

实现加钞自动清点，取消 ATM 机操作员手工输入设置每期加钞金额的设定，将有效防止以往发生案件中内部不法人员作案。但厂商提供的加钞自动验钞清点功能解决方案，主要存在以下问题：

一是技术实现方法，设备自动验钞计数过程中，无法验钞通过的，将直接进入废钞/回收钞箱且无法计数，即无法实现全部领出现钞的自动清点。

二是设备无法控制操作人员通过调换钞箱致使设备虚假计数，因此仍必须双人互相监督操作，无法减人。

三是为避免差错，对设备清点过程中无法计数，直接进入废钞/回收钞箱的钞票，必须由现场清机加钞人员手工清点后，再通过手工设置的方法输入。与通常操作方式相比，不仅未减少手工设置加钞金额的环节，反而增加了现场二次清点的环节。离行式设备完全抽拔钞箱替换加钞的做法也无法实施。如改变做法，对设备无法清点的领出现钞进行二次回缴，则清机人员极易与当日清机取出现金混杂，从而造成上一账期长短款确认困难，当期加入现金无法与柜台或金库领出现金准确核对，从而造成账务核对混乱及困难，产生账务操作风险。

四是由于设备端增加了现金自动清点功能（3 个钞箱加满至少需耗时 20 余分钟，如加上中间钞箱抽拔或现场填充的时间还将更长），以及对无法存入部分现金的手工清点，整个清机加钞过程，设备停止对外服务时间将进一步延长。

综上，新功能在加钞及清机清点中，存在废钞箱内现金无法清点的关键性缺陷，实际无法实现 ATM 机内现金全部自动准确清点，且无法控制人为调换钞箱位置而造成设备重复计数等问题，因此较难通过改造系统应用该技术，达到完全取消目前清机加钞环节中人工输入加钞金额和清机金额的预期目的。

3. 其他影响

一是由于 RB5 钞箱需始终作为加回钞或清点中转钞箱使用，不再参与对外服务，4 钞箱设备最多仅能当作 3 钞箱设备使用，设备服务能力降低 1/4。

二是设备验钞等关键模块损耗增加，交易量大的设备使用寿命进一步缩短。

三是由于银行必然还会存在大量无此功能的已布放设备，系统必须兼容新旧设备的不同清机加钞模式处理，因此系统改造及后续升级难度将不可避免地加大。

四是网点内如同时存在无此功能和有此功能设备，由于操作步骤、操作要求、账务处理方法均存在较大差异，培训操作人员复杂程度提升，基层工作人员操作难度加大、操作不规范现象容易增加，甚至提升不法分子乘乱作案的可能性。

正是因为应用价值十分有限，该功能设备厂商虽已推出新功能多年，但除个别银行使用作为缺钞远程监控判断参考或远程现金核查大致参考外，大部分银行均未进行大规模应用。

第五节　ATM 设备的现金长短款及待清算资金风险防控

一、ATM 设备的现金长短款风险

(一) 风险特征及防控要点

ATM 设备现金长短款业务的操作风险主要在于账务处理人员利用短款银行垫付或长款转销机制，侵占银行或客户资金。因此该环节风险控制要点为：及时挂账、原路转销、每日监控。

第一，系统层面应严格控制，自动进行柜员接收缴回款金额与 ATMP 系统记录台账中清机时点余额的比较，确定应挂账长短款方向和金额，避免账务处理人员随意挂账或长期不挂账，造成 ATM 机占款混乱，不法分子乘乱作案。

第二，系统应建立 ATMC 系统交易与 ATMP 系统台账明细自动核对机制，做到账务处理人员进行长款交易挂账时，系统控制仅能进行确认或金额调整，不能对交易卡号/账号进行修改。销账时，系统自动判断并控制：对可直接销入客户账的本行卡长款交易仅能按照系统记录的原交易卡号/账号和挂账金额转销；对无法直接销入原交易账号的非本行卡交易或者一些特殊场景下的信用卡、IC卡差错交易，系统控制网点账务处理人员仅能销入一级分行指定内部账户，再由一级分行集中统一处理，最大限度避免网点 ATM 设备账务处理人员作案可能。

第三，总行、分行每日进行全网点挂账、销账监控，对存在未及时挂账或超过规定时间未销账的 ATM 设备长短款发生机构，及时进行重点督办和风险核查。减少网点出现 ATM 设备现金占款混乱，或长短款非正常转销而产生的操作风险。

（二）账务处理集中上收

大力推进并实现 ATM 设备长短款差错的账务集中处理，也是加强 ATM 设备长短款差错风险防控的重要手段。除了已实现清机、加钞、现金长短款处理全部集中处理的离行式集中运营设备外，各银行也还存在大量仍需由网点清机加钞的分散式运营设备，这些分散运营设备的现金长短款通常也由网点各自完成。ATM 设备账务集中处理，就是指将清机、加钞的实物操作环节仍保留在网点，而仅将 ATM 设备现金长短款交易的确认、挂账及转销环节全部集中到二级或一级分行完成。

具体实现方法为改造系统，支持某个指定一级分行部门或指定二级分行机构的柜员，查看本行辖内或指定范围内（可跨二级分行）当日所有清机 ATM 设备的缴回余额，与 ATM 设备台账记录余额进行差异比对，并根据系统交易核对结果，对匹配得出的不成功单边交易进行确认，系统自动根据不同交易类型，按照确认金额完成长款或短款挂账，以及相应电子台账登记。销账时，由集中操作柜员点选相关挂账交易，系统则自动根据客户及交易类型：对可直接转销入客户账的本行卡/账户交易，自动转入客户账；对不可直接转销入客户账的非本行卡等交易，转销至系统预先设定的过渡账户。在上述跨机构挂销账操作中，不改变原 ATM 设备所属机构相关账户记账处理。

根据某银行广东地区分行实践经验，集中账务处理的风险控制优点主要是：

一是上级分行可实时检查及监控辖内清机情况，有效控制基层网点风险。分行反映账务集中项目实施后，集中处理中心可及时发现网点 ATM 设备加钞金额设置异常、未按正常频率清机、缴回金额异常等情况，并根据系统的可疑交易提示，监控网点清机后现金清点及设置是否属实，及时纠正网点出现的点钞错误或风险行为，确保基层清机网点的现金和账务处理准确。

二是可提升某些复杂差错交易挂销账操作正确率，减少网点操作差错和风险。分行反映：在集中处理应用前，辖内网点在 ATM 设备错账处理中经常出现无法及时甄别可疑交易，以及挂销账误操作的情况；而项目上线后，没再出现过一笔因为错误判断而错入账情况，并且对每天的全辖清机错账真正做到了日清日结，不再存在延误挂销账问题，达到了集中监控、集中管理的效果。

三是项目应用后，集中处理人员的管理水平越高，对辖内基层网点清机人员的帮助和指导作用就越大，工作效率亦越高。项目应用前，基层网点经常遇到清机问题无从咨询，上级管理机构亦无法实时观察和监控；项目应用后，网点遇到清机问题，可即时与集中处理岗位人员沟通获得指导，将问题解决在萌芽状态，有效控制了风险并提高了 ATM 设备服务效率。

在按照上述方案，实现省行异地集中处理的基础上，还可继续推进相关系统改造，实现灵活配置跨省异地集中，从而实现支持网点 ATM 设备现金长短款处理向银行内成本较低的异地操作中心或外包机构转移，降低整体人员成本耗用，提升业务处理和风险监控效率。

二、ATM 设备待清算资金风险

如第五章"ATM 设备的现金管理及清算"中论述，由于 ATM 设备交易发生时间与银联、国际组织等清算时间不同，ATM 设备现金台账管理系统与上游本行发卡系统及银联等转接系统日切时间不同，银行每日都会形成大量的待清算交易。同时，交易过程中，不同路由下系统间也不可避免地会产生单边差错问题。这些待清算交易和单边差错交易每日形成了金额巨大的资金池，只要全辖 ATM 设备不能全部停止营业，这个资金池就每日同时进出，相当于一直同时开着进水管和出水管的大水池，并且还掺杂着需要额外手工处理的"杂质"——差错类交易。资金量巨大且交易核对复杂，如不建立严密有效的日常操作管理机制，极易形成风险隐患。

针对上述特点，ATM 设备待清算资金的风险控制必须坚持集中上收、分账户核算、日日核查三个要点：

（1）集中上收是指对于 ATM 设备待清算资金的日常操作必须上收至一级分行处理，专门人员集中操作、集中核对、集中监控。清算及不同系统间的各类型差错处理复杂度高、专业性强，缩小操作接触人员范围，不仅有利于最大限度减少各层级网点操作的分散性操作风险，也有利于高效、准确处理，同时便于集中管理和监控。

（2）分账户核算是指针对不同的系统核对和交易清算场景，开立不同的待清算资金账户，便于分类核对和处理。第五章中已就 ATM 渠道管理系统进行现金管理模式下，如何进行待清算资金账户的设立，以及日常账务处理进行了详细描述，此处不再赘述。

（3）日日核查是指必须建立自动交易核对系统，每日针对不同系统核对场景，分别出具正常发生报表、未达交易报表，以及差错交易报表。集中清算人员每日根据系统判断的差错交易报表按交易类型进行长短款挂账处理。同时一级分行及总行监控人员也应每日根据未达待清算交易报表，进行各 ATM 设备待清算账户的余额核对，确保每日必须账账相符，不存在资金挪用侵占情况。

第七章

ATM 设备的外部欺诈及信息安全风险防控

第一节　硬件改装型欺诈

ATM 设备投放市场以来，从早期的"黎巴嫩钩"到最新发现的非法改装装置，外部欺诈手段层出不穷。魔高一尺道高一丈，银行与 ATM 设备厂商也不断升级设备硬件配置，改进防范手段。犯罪分子作案手法虽不断翻新，但归根结底都是要盗取客户的磁条信息和密码。

一、盗取磁条信息装置的外观特点

为防止不法分子在插卡口加装"钩子"类的作案装置，各厂商设备目前已普遍采用异型插卡口设计，俗称鸭嘴。但部分厂商设备机型的插卡口处面板较为平整，鸭嘴设计较为规则扁平，随后出现了不法分子专门针对特定机型，采用在原有异型鸭嘴处套装读卡装置的方式作案。套装后的异型卡嘴通常较原有卡嘴要厚重许多，时常使用银行 ATM 设备的普通客户稍加留意即可发现。若银行视频监控可覆盖插卡口区域，通过图像比对也能够清晰分辨。

近年来，不法分子发展到使用相同材质、颜色并内置读卡器的鸭嘴套装于原有鸭嘴外，尺寸大小与原装置相仿，直观上几可乱真。但仍具有以下明显特点，广大客户使用时需认真观察，如有符合这些特点的异样情况，最好先不要使用，立即拨打银行客户服务电话确认无问题后，再进行操作：

（1）原有绿色透明板因使用时间较长，颜色发旧发暗，新安装的套装装置色泽新鲜亮丽，与设备整体不同。

（2）非法套装的绿色透明板插卡口右侧设计较圆滑，不像原装置有凸出的形状框。

二、盗取密码装置的外观特点

盗取密码方式目前主要有安装针孔摄像头和套装密码键盘两种。

针孔摄像头多安装在 ATM 设备面板正上方或密码防护罩内侧，近年发现的案例多为针孔摄像头面板黏附于密码防护罩内侧，只要稍加留意就可以发现。套装密码键盘则使用附着存储装置的假面板，覆盖设备原有金属密码键盘，犯罪分子事后再来拆走假面板，以获取被截获存储的客户密码。

三、主要防范手段

（一）加大自助设备的现场巡查力度

银行机构和外包公司现场检查人员，应经常性地采取手检方式，检查设备插卡口形态，查看密码键盘是否异常，密码防护罩内是否装有针孔摄录面板等。

（二）不断升级设备自身技术防范手段

主要手段包括在鸭嘴内升级加装磁干扰装置，阻断非法侧录装置接收银行卡磁条信号。升级设备硬件驱动控制版本，实现插卡口被安装不法装置后无法退卡等控制，从而达到防止犯罪分子获取卡内信息的目的。加厚插卡口外侧、缩窄卡传输通道等改造措施，达到物理上防止不法分子加装侧录装置的目的。等等。

（三）提高远程监控视频发现异常能力

可将重点监控区域或型号设备进行单独编组，重点监控，并通过调整摄像机角度清晰呈现插卡口图像。银行监控中心值班人员应熟知自助设备安装非法装置前后的外观变化，学会运用图像比对分析发现异常。

（四）加强人脸识别、智能图像识别等新技术应用

利用最新人脸识别、智能图像识别技术，实现 ATM 设备监控区域图像

智能自动分析，与公安部联网联动，一旦有公安部门记录的犯罪分子出现，或者有人对读卡器口或密码键盘部位进行不同于一般客户的非正常性操作，立即自动报警。

第二节　现金调包型欺诈

大约自 2008 年起，网上流传着一套"赚钱攻略"，吸引了众多眼球。该攻略写道："从 ATM 机中取 1 000 元，在钞票到出钞口后，不立刻将钱拿走，而是抽出两张钞票，再塞进两张假钞，30 秒后，ATM 机会自动识别为客户忘记取走钞票而自动将钱返回钞票箱，从而在账户余额不变的情况下，白赚200 元。"

真的可以如此"赚钱"吗？实际上各银行 ATM 设备均有严格的系统和制度控制机制，这类欺诈根本无法得逞，并且此类案件中卡号、客户信息、银行监控录像齐备，公安部门破案十分容易，但总会有人禁不住利益的诱惑，银行遭遇欺诈情况时有发生。

一、一体机设备系统控制

按照国家强制要求，各品牌存取款一体机设备均已配置含验钞功能的现钞处理模块和冠字号记录模块。

（1）对客户正常存入的现钞，设备将先检验钞票真伪，然后显示设备确认为真钞的钞票张数，客户确认后自动收入循环钞箱并逐张记录存入现钞的冠字号号码。对无法判定为真钞的钞票（假钞、污损钞、破旧钞、折角或残缺钞等）均自动退出并提示客户取走，不予存入。

（2）对客户取款后未及时取走而留置于出钞口的钞票，为防止被他人拿走，采取超时自动回收处理方式。但回收钞票并不进入循环钞箱，而是重新验钞后回收至专门的废钞箱。同时原取款交易不会被自动冲正，交易流水中会分别详细记录原取款交易卡号、金额、回收时间、原因、回收钞总张数、每张钞票验钞结果、冠字号等。回收后进入废钞箱的钞票也不再供取款客户交易取出，仅可由银行清机人员清机时取出。同时清机后，银行 ATM 设备流水与差错管理系统会自动判断提示清机账务处理人员，该笔交易为可疑长款交易。

（3）如清机现金核点时发现废钞箱中存在假钞，银行清机账务处理员按制度要求，将按实际真钞金额进行相应现金长款处理，所以根本不会将假钞金额冲调回客户账户，也不会造成银行资金损失。同时还要凭 ATMC 系统交易流水及交易核对管理系统可疑交易提示，查看录像找到假钞来源，确定客户存在抽张调包行为的，可视情况报警。

二、取款机设备系统控制

单取款机设备无现钞存入功能，不存在客户存款交易中误收假钞的风险。对客户取款后未及时取走而留置于出钞口的钞票，同样采取超时自动回收方式处理，且回收钞票也不进入取款钞箱，同样被回收至专门的废钞箱，原取款交易不会被自动冲正。与一体机不同之处是，因取款机无验钞功能，回收钞无法再次验钞，交易流水中仅会分别详细记录原取款交易卡号、金额、回收时间、原因等。

与一体机相同，回收至废钞箱的钞票客户同样无法取出，仅可由银行清机人员清机时取出。同时清机后，银行 ATM 设备流水与差错管理系统会自动判断并提示清机账务处理人员，该笔交易为可疑长款交易。清机账务处理员同样仅按实际回收真钞金额进行相应现金长款处理，不会造成银行资金损失。

三、ATM 设备清机及现金制度控制

（1）ATM 设备清机操作员清机时，要求必须按顺序取出存取款钞箱、废钞箱，取出（取出时注意保持钞票原有顺序）各钞箱全部剩余现金。清机取出现金必须缴回，严禁重新加装入设备。

（2）清机后必须在全监控环境下，由 ATM 设备清机操作员对每台设备清出现金进行逐台全部清点，并由 ATM 设备账务处理员核对清出现金金额无误后，向机构尾箱柜员办理缴回。

（3）网点尾箱或金库柜员，必须按照柜台现金交接、核点的相关要求，办理现金缴回。缴回操作中，必须确保账实相符，严禁在未见现金或对现金不核点、不入库的情况下，执行相关交易。假钞一律没收，仅按实际真钞金额入库。

（4）对网点尾箱或金库柜员的缴回交易必须在系统中设置强制复核控制，监督经办柜员按步骤、按要求合规操作。

严格按照上述制度流程操作，就可保证清机人员和网点尾箱/金库柜员对 ATM 设备内清出的各钞箱剩余现钞，分别有效清点，避免假钞混杂装机或入库。取出时保持钞票顺序，可保证清点时如有发现假钞，可与交易流水一一对应，确定交易来源。确定具体交易后，即可调看监控录像确认客户调包行为。

第八章

ATM 设备的运营成本效率管理

第一节　降低 ATM 设备运营成本的方法

一、ATM 设备成本主要构成

目前 ATM 一体设备的采购成本是 6 万～7 万元/台，但实际每年台均运营成本已达 10 万元以上。ATM 设备成本主要包含：一是相对固定的建设成本，例如 ATM 设备及配套视频监控设备折旧费用、场地租金/房产折旧、装修费用、专线网络费用等。二是变动运营成本，例如现金占用成本、清机加钞人员车辆费用、电费等。

从以上成本构成可以看出，降低 ATM 设备运营成本的方法主要有两个方面：一是合理优化设备选址，减少无效的低产设备布放，这样就可以直接减少相应的设备折旧、场地租金、装修、专线网络等费用。二是对已经布放的设备，采取更加精细化的管理措施，在保证客户使用和设备效益的前提下，尽量减少不必要的现金占用、降低清机加钞频率等，最大限度压低和节约变动运营成本。

二、大数据分析降低现金占用成本

每台 ATM 设备日均占用现金 20 余万元，4 万～5 万台设备每日占用现金就达上百亿元，因此合理制定每台 ATM 设备清机加钞周期和加钞金额，是控制 ATM 设备运营成本的关键。加钞金额设定过大，将造成大量无价值现金占用，同时易造成存取款一体机设备满钞，设备存款功能停运；加钞金额设置过小，也将造成设备因缺钞而停运。同时，设备满钞、缺钞而不得不增加清机次数，也将造成清机人员、车辆以及安保等费用支出上升。

以前，银行一般采取限额控制或其他类似管理方法，由分行或金库制订本地区 ATM 设备的清机加钞领款限额。但此类限额多为凭经验制定，且同一分行辖内对所有 ATM 设备执行同一限额管理。统一限额管理模式虽可在一定程度上控制现金占用成本、减少风险，但不同位置的 ATM 设备交易量不同、同台 ATM 设备不同时期用款峰谷不一，不可避免地还是会产生部分设备或部分时间内的不合理现金占用，出现过多或不足的问题。

大数据技术的发展和广泛应用，恰恰为对每一台 ATM 设备进行单独预测，并逐台设置差异化最优合理限额提供了可能。银行系统大集中以后，已为每台设备积累相当长时间的交易收付以及每次领款加钞、清机剩余金额数据，利用大数据技术，通过系统自动学习建模及数据分析，合理预测每台 ATM 设备的现金需求及最优加钞限额、加钞周期，就可有效防止营业网点为保证 ATM 设备对外支付，进行远超实际需求的 ATM 设备加钞现金申领，在保障设备正常使用的前提下，合理控制 ATM 设备内现金库存，减少 ATM 设备无息资产占用，节省 ATM 设备库存现金持有成本，同时降低操作风险。

三、单人加钞减少人员、车辆占用成本

（一）ATM 设备人员、车辆占用成本的影响要素

出现吞没卡、缺钞/满钞、耗材更换是造成需进行 ATM 设备开机/清机加钞操作的三个主要因素。而一旦进行开机取卡、清机加钞操作，就必须双人进行，产生人员费用，离行式设备还不可避免地将产生车辆、押运等成本支出。

通过改造系统实现吞没卡即刻式取回，或同时对设备加装可退式卡回收槽，支持客户不限时取回吞没卡，银行可大幅度降低因满足客户紧急取卡需要而产生的人员、车辆等成本支出。

ATM 设备日常业务耗材，主要是凭条纸、流水纸、墨盒等打印耗材。银行目前已普遍实现电子流水集中保存、调阅，取消了设备流水打印纸。对客户凭条，中国人民银行出于安全考虑修改相关规范后，各行 ATM 设备交易已改造为仅在客户选择打印时方进行打印，实际 90% 以上的客户都已不再打印凭条。而设备缺纸时，系统也会在交易前提示客户无法打印凭条，是否继续操作，客户确认后可继续交易。因此，耗材更换带来的人力占用，已不再是成本增加的主要问题。

在吞没卡处理和耗材更新两个问题均得到有效解决的情况下，加钞清机的 ATM 设备人员、车辆、押运等成本，已成为 ATM 设备日常运营的最大成本支出。然而 ATM 设备清机加钞过程无法实现系统完全控制，虽然采取了双人清机方式相互牵制控制风险，但实际中 ATM 设备清机加钞仍是现金风险高发环节。因此，寻找更多方法减少双人清机加钞频率，减少人员接触，不仅有助于大幅度降低 ATM 设备日常运营成本，并且在风险防控上也具有很大价值。

（二）减少清机加钞人员措施

在第六章中，我们已经对厂商最新的远程自清机功能设备进行了详细分析，该设备最大的缺陷在于无法对废钞箱现金进行清点，因此尚无法靠此技术实现单人清机加钞。如何减少人员，我们需要换个角度研究。

如果从设备现钞使用角度进行更加细化的分析，就会发现设备往往因缺钞需要清机加钞，因废钞箱满钞或正常循环钞箱满钞而需要清机的情况相对较少。实际检查中，经常发现网点员工使用个人银行卡从柜台办理取款再到 ATM 机存入，达到不清机又解决 ATM 机缺钞的目的，但整个过程非常不规范，风险隐患较大。因此，如果能够改造系统、改良风险控制流程，支持网点单人合规加钞，则可以有效降低设备清机频率，同时解决上述网点操作风险隐患问题。

需要说明的是，单人加钞并不能完全代替双人清机，除出现吞没卡、耗材用尽、废钞箱满钞等情形时仍需双人清机外，出于现金风险防控的考虑，设备也需定期进行清机完成账实核查。因此单人加钞与双人清机模式可组合使用，达到节约人员、降低成本、加强风险防控的目的。例如将正常情况下每周至少清机一次的规定，改为 3 次单人加钞＋1 次双人清机，即双人清机频繁降低为每月一次，平常采取单人加钞模式，则至少可降低 40％的人力占用。

（三）单人加钞的实现方法

在 ATM 设备外围系统现金管理模式下，仅需改变存款交易的相关账务处理模式，同时充分借用机构尾箱/金库领缴款的金额控制及核对机制，即可很方便地利用设备正常验钞存款功能实现单人加钞。

采用该种模式单人加钞时，无须领用钥匙、使用密码等，在节约人员占用的同时，也将大大提高日常加钞操作的便捷性，减少钥匙、密码相关操作风险。虽受设备存款口限制，加钞时需逐笔将现金存入设备，但对保持 ATM 设备每台日均占款 20 万元左右即可满足需要的情况而言，开发增加此功能还是具有非常大的实用价值。

1. 实现该项功能的系统改造要点

首先，在 ATMP 管理系统中为每个 ATM 设备运营所属机构建立一个虚拟账号，增加对这个账号存款交易的自动判断功能。如前端发起对该账号的存款时，只增加 ATM 设备台账余额记录，不上送核心等系统变更客户账。

其次，机构尾箱/金库领款交易不变，增加一种新的柜员操作交易（ATM 设备加钞剩余缴回交易），用于加钞时无法验钞通过需缴回尾箱/金库的钞票处理，以区别于 ATM 设备清机清出钞票的缴回。

最后，在 ATMP 系统生成的 ATM 设备每日发生额及余额报表中，和核心系统生成的柜台领缴款相应发生额报表中，均增加包含该类指定账号存款交易，以及柜员新增缴回交易。

2. 具体操作流程变化

第一步，ATM 设备加钞员单人从机构尾箱/金库领款。机构尾箱/金库柜员仍执行 ATM 设备加钞领款交易，将现钞交 ATM 设备加钞员。ATM 设备加钞员核点金额无误，在柜员相关交易凭证上签字确认接收。

第二步，ATM 设备加钞员单人完成加钞。ATM 设备加钞员无须领用钥匙，不打开任何机具后盖或保险柜，直接利用 ATM 设备正常存款功能，输入本机构指定账号，设备回显该专用账户名称，ATM 设备加钞员确认后放入钞票，设备验钞完成存款，打印交易凭条。系统自动判断，对属于指定账号的存款交易，按照特殊存入加钞交易处理。交易不再上送核心等系统进行客户账更新及处理，仅增加 ATMP 系统中该台 ATM 设备现金数余额。日终时，统一更新该机构 ATM 设备现金占款总账余额。

第三步，ATM 设备加钞员将加钞存款时设备未能验钞通过存入的钞票，连同加钞存入交易凭条，一并缴回机构尾箱/金库柜员。机构尾箱/金库柜员核点，确认缴回钞票金额加凭条显示加钞存入金额等于当日加钞领款金额后，执行新增开发的 ATM 设备加钞剩余缴回交易，并打印交易凭证。ATM 设备加钞员在柜员缴回交易凭证上签字确认，柜员将缴回交易凭证连同 ATM 设备打出的加钞存入交易凭条，一并归档备查。

第四步，T+1 日网点专职内控核查人员、二级分行、一级分行、总行等仍凭报表等进行正常账账核查。同时坚持网点专职内控人员、机构负责人正常定期跟随清机核查，确保账实相符。

四、智能报修管理降低故障处理成本

在投放设备量达到一定规模后，实际每日约有 4% 的 ATM 设备处于故障状态，无法对外服务。因此，大型银行基本都建设开发了具有设备故障报警功能的统一 ATM 设备监控系统。设备故障时，系统就会自动以短信等形式，向银行网点或指定的厂商维护人员等发送报警。

对网点人员接收报警的，则需再给厂商人员打电话报修。但因为网点人员日常工作繁忙，一人多职情况普遍，往往存在以下影响客户使用的情况：一是电话报修不及时；二是非技术专业人员故障描述不清，厂商人员不能准确判断，到网点后又发现所带备件不齐等原因折返，耽误时间；三是厂商具体维修人员变更频繁，分支行下发提供的厂商对应维修人员名单更新不及时，时常出现找不到人再向上级行反映查询新电话等。

厂商维护人员接收报警也存在问题：一是银行报警设备编号与厂商内部编号不符，厂商不能及时确定具体故障设备；二是厂商具体维修人员变更频繁，银行监控系统中难以对厂商人员名单进行及时维护变更，导致仍存在通知不到的情况。

实际上，设备一旦发生故障，报修、催修都会耗费大量网点人员时间精力，基层网点对实现自动、精准报修和报修受理进度实时跟踪的诉求强烈，同时总行、各级分行设备采购部门，也希望准确掌握各厂商维修响应时效和维修质量，进行量化科学评价，用于采购时选择和约束厂商。

针对上述问题，打通银行和设备维保厂商系统，打造智能监控报修管理平台，实现系统故障自动报修下单、厂商接单任务处理节点跟踪、厂商评价等功能，就可大规模减少故障管理人员占用、缩短设备故障修复周期，从而降低成本、提高产出。

（一）同步银行、厂商设备信息

银行采购 ATM 设备后，设备的送货、安装实际均是由设备厂商完成。但在银行和厂商各自对设备进行定义管理的情况下，双方记录编号不统一、地址描述不统一、设备类型表述不统一等问题，经常影响到后续故障的及时报修及处理。

因此对厂商本来就掌握、不涉及银行需进行保密的设备信息，可改为厂商代为采集后传输至银行 ATM 设备管理系统，如设备类型、品牌、机身序列号、采购批次、安装地址、地址经纬度坐标等。银行在厂商传输信息的基础上，再补充相关银行内部信息，将银行设备编号信息反馈至厂商系统，即完成同台设备在银行、厂商系统的定义信息同步，大大方便日后故障发生时的报修处理。

（二）改变设备故障发生时厂商响应及评价流程

（1）第一时间准确通知。银行系统自动将设备编号和具体故障原因发送到对应设备厂商集中系统，厂商通过自身系统分配任务，通知当前维修负责人员，就可有效避免当前存在的通知延误或通知不到位情况发生。

（2）厂商处理进度实时查询。网点、分行人员通过手机、银行客户端等，对厂商任务处理情况进行实时状态跟踪，如同快递查询一样，可随时查询到厂商最新任务处理进程及最终维修指派人员，避免了银行人员反复打电话催问。

（3）网点维修评价。如同淘宝平台有客户对商户评价功能一样，平台也应支持每个故障设备网点对厂商每次维修服务进行评价，支持其他网点或分行等，查看厂商获得的评价情况。通过系统对厂商处理时效、网点用户对厂商服务评价的准确记录，实现总、分行对厂商的有效评价管理，为设备采购和合同付款提供更加全面、准确的量化依据。

五、智能控制减少设备损耗成本

ATM 自助设备最大的特点就是可以提供 24 小时服务，各银行也设立了多家 24 小时营业自助银行，自助银行内多台现金与非现金设备组合，全部 24 小时开机服务。这些设备虽然 24 小时开机，但通过监控系统数据分析会发现，不同时段客户使用情况差异巨大。有些写字楼附近设备使用主要集中在白天，下班高峰过后几乎呈现"零交易"情况。有些繁华商区则情况相反，晚间时段交易量能占到全天交易量的 50%，而工作日上午时段则交易量很少。

除 24 小时自助银行内设备外，网点厅堂内还有较多大堂式 ATM 现金设备，同时绝大多数银行新投产的智能型非现金终端设备也都是布放在网点厅堂内。营业网点终止营业后，这些大堂型设备就算处于 24 小时开机模式，也没有交易量了。

因此，利用后台分析管理系统及自动控制手段，根据每台设备历史数据自动制定分时段运行计划，系统控制网点厅堂内设备，使其营业结束后定时自动关机，24 小时对外服务设备则在低使用时段控制设备自动进入暂时关闭状态。通过实现自动差异化分时段运营，不仅可以较大幅度节约设备用电、设备损耗等直接成本，也可相应减少设备监控、巡查、风险防控投入成本。因客智能化分时段服务，也将是 ATM 自助渠道走向精细化运营管理的方向之一。

六、集中外包减少日常运营成本

各类自助设备中最为昂贵的存取款一体机价格已降至 6 万～7 万元，并仍在逐年递减中。但一台现金设备的一年运营成本高达 10 余万元，这其中绝大部分成本是备钞及清机加钞人员、车辆、武装押运等成本，而随社会工资、福利水平提高，人员成本仍在逐年上涨。同时 ATM 设备备钞、装卸钞又是强度较高的体力劳动，对学历要求不高但对体力要求较高，通常男性更加适合，有些地区银行从事这一工作的男性占比甚至超过 90%。但银行一直以来基层女性员工较多，近年来随新招聘员工学历提高，愿意去长期从事 ATM 设备运营工作的人越来越少，多数银行 ATM 设备运营人员人数不足、结构老龄化、缺乏补充等矛盾日益突出。

为缓解上述矛盾，各商业银行很早前就针对离行式 ATM 设备，在大中城市建立了集中运营中心实行专门人员集中运营处理，并且在有社会专业押运服务公司的地区，积极开展了清机加钞外包业务，近年来也逐渐扩大到网点依附式设备，大幅度减少了自身人员投入、降低了成本。

对不能完全实现上述集中运营和外包情况的设备，部分地区银行因地制宜采取的 3 种半集中方式，也比较具有推广价值：

（一）1＋1 人员搭配清机

即支行抽出 1 名合适人员，每日巡回至较为集中的几家网点，与网点自有的 1 名人员共同完成双人清机加钞操作。这种模式下，巡回清机人员无须携带现钞、钥匙等实物，采用电动车、自行车等交通工具即可，行动灵活，同时也有效减少了 1 名网点人员占用。

（二）现金封袋配送

网点 ATM 设备清机最耗时间的就是现金清点工作。现金封袋配送，就是直接由金库将每台 ATM 设备所需加入现金清点后密封配送至网点，网点清机操作时，在集中监控中心人员视频监控下，现场拆封并直接加装至设备中不再清点，从而大幅度减少网点 ATM 设备现金清点工作量，节约网点人员占用时间。

（三）ATM 设备长短款账务集中处理

如本书第六章第五节中表述，ATM 设备长短款账务集中处理，就是将由网点分散运营的 ATM 设备的现金长短款确认、挂账及转销等环节，全部集中起来由上级行或异地操作中心处理，而仅将清机、加钞、耗材更换等涉及实物的操作环节保留在网点，也就是将整个操作流程中的部分环节集中。

将这部分环节集中，不仅可充分发挥集中处理效率和专业性优势，也通过将 ATM 设备长短款差错交易核对，以及后续可能的客户联络、应接客户查询或投诉等处理从网点剥离，相应减轻网点人员耗时占用，同时有效提高客户沟通质量与客户查询处理效率，减少客户投诉发生。

第二节　ATM 设备的运营指标管理

指标设置和监控是银行日常管理的必要手段。对 ATM 业务来讲设置合理的指标项，并进行相应的考核或持续监控管理，是调整全行设备投放节奏、发挥设备最大效益、防控操作风险的重要手段。但如果指标设置不合理，也极易导致分行出现设备投放不合理、基层网点虚增交易等问题。

一、业务发展指标

1. 依附式设备指标：柜台可迁业务离柜率

网点依附式设备的最主要作用是迁移柜台业务，但如考核设备使用效率指标，又易造成网点人员通过小额频繁存取等手段畸形虚增交易量，无谓增加设备硬件损耗和占用本就有限的网点人力资源。因此，对网点依附式设备不可采用单台日均交易笔数等指标进行考核，更宜采取柜台可迁业务离柜率指标进行管理，引导网点最大限度将自助设备可受理的业务从柜台迁移，降低柜台上相应业务交易量。

2. 离行式设备指标：单台日均交易笔数

对离行式设备，内部人员虚增交易难度较大，因此可以直接考核监控设备的单台日均交易笔数指标，促使分行不断迁址低产设备，优化设备选址，提高离行式设备实际使用效率。

二、运营效率管理指标

（1）设备正常服务率。该项指标还可以细分为设备机械故障率和非机械故障率，机械故障率用于监控并督促分行及时进行硬件故障维修，非机械故障率用于监控并督促分行减少缺钞等导致设备停止对外服务的情况。

（2）台均清机加钞时长。这项指标是指 ATM 机从停止对外服务并进入管理员模式进行清机加钞，到退出管理员模式并提供对外服务的时长。正常操作流程下一台 ATM 设备清机耗时通常 20 分钟左右，但实际有部分网点操作流程走样，导致设备清机时间过长，严重影响设备对外服务效率。设置该项指标可监控督促分行加强网点清机加钞操作规范化管理，加大培训力度，不断提高操作人员业务能力。

三、风险防控管理指标

（1）异常加钞 ATM 设备数量。指实际加钞金额大于一级分行核定合理日常加钞限额的 ATM 设备数量。此类情况应及时排查清机加钞人员申领 ATM 设备现金数额的合理性、ATM 设备账实相符情况等，控制 ATM 设备保持在合理日均占款水平，防范现金风险。

（2）可疑缺钞 ATM 设备数量。如果 ATM 设备系统记录台账余额远大于废钞箱合理金额范围，而设备经常报警缺钞，则很有可能发生了清机加钞人员未将全部申领现钞填装 ATM 设备的问题。出现此类情况应及时查明原因，采取清机加钞人员双人轮岗或账实抽查的手段，进行重点风险防范。

（3）长期未清机设备数量。实践案例证明长期不清机极易产生现金或重要空白凭证风险隐患，对存在超过制度规定最长清机周期时限要求的设备网点，应及时督办，排查并消除人为操作风险隐患。

（4）ATM 设备账账不平网点数量。指 ATMP 系统现金台账记录与柜台当日领缴款发生额报表之间，以及 ATMP 系统现金台账记录与总账系统各机构 ATM 机现金占款账户余额报表之间，存在发生额不符或余额不符、账账不符的网点数量。对于系统监控到的 ATM 业务账账不平网点，一定是发生了违规操作问题，及时排查解决有利于防范 ATM 设备现金和长短款风险。

（5）ATM 设备现金长短款挂账和销账逾期交易数量。设置该项指标可用于防范网点 ATM 设备长短款操作风险，同时减少因客户账户变动而无法销账情况的发生，促使网点主动冲调客户账，降低客户不良体验感受。

参考文献

［1］2017 年我国金融自助设备行业市场交易规模分析．［2017－09－18］．http：//www. chyxx. com/industry/201708/552106. html.

［2］2018 年末银行业金融机构 4588 家．［2019－04－19］．http：//finance. east-money. com/a/201902191046736312. html.

［3］5 年翻 21 倍 支付宝微信笑了！这个行业却大崩溃．［2018－06－28］．http：//money. 163. com/18/0825/08/DQ1RKUB500258152. html.

［4］Ellen F. ATM 机的历史．［2018－03－07］．http：//www. 360doc. com/content/15/0607/10/12113693_476253769. shtml.

［5］ATM 机：银行业唯一有用的发明？．［2018－01－09］．http：//news. if-eng. com/a/20171220/54331817_0. shtml.

［6］艾瑞咨询．2017—2018 中国第三方移动支付市场研究报告．2018.

［7］艾瑞咨询．2017 年中国第三方移动支付行业研究报告．2017.

［8］布莱特·金．银行 3.0：移动互联时代的银行转型之道．北京：北京联合出版公司，2017.

［9］陈楠，杜晶晶．银行网点转型之道．北京：北京联合出版公司，2016.

［10］陈圣洁．社区银行成长四年 门前冷落鞍马稀．国际金融报，2017－07－13.

［11］陈悦．银行"智能服务"有啥新玩法．理财周刊，2017－01－09.

［12］董峥．ATM 的中国变迁．［2018－04－21］．https：//news. 51credit. com/woaika/10745417. shtml.

［13］葛倩．2018 年自助服务终端行业市场现状与发展趋势 ATM 保有量不断上升，广运恒通占据主流．［2019－06－09］．https：//www. qianzhan. com/

analyst/detail/220/190417-38776aa4. htm.

[14] 顾月. 开业量缩减、关停陡增 银行网点进退向何方？. 21 世纪经济报道，2018 - 03 - 04.

[15] 胡艳明，欧阳晓红. 尴尬的 ATM 机：曾改变世界，如今正被无现金时代淘汰. 经济观察报，2018 - 01 - 28.

[16] 林巧红. 社交银行创新经营模式：传统网点互联网＋转型策略. 零售银行杂志，2015（10）.

[17] 刘贵生，司晓玲. 现金的价值与生命力.［2018 - 04 - 18］. http://finance. sina. com. cn/coverstory/2018 - 02 - 23/doc-ifyrswmv2747456. shtml.

[18] 麦肯锡：中国银行业布局生态圈正当时.［2018 - 08 - 16］. http://www. 199it. com/archives/760960. html.

[19]"数字化＋生态圈"已是银行业转型必然路径.［2018 - 07 - 19］. https://m. sohu. com/a/205343785_100065989.

[20] 孙璐璐. 惊人数据：移动支付将颠覆刷卡支付的主导地位.［2018 - 10 - 07］. http://finance. ifeng. com/a/20171007/15710758_0. shtml.

[21] 我国银行业金融机构营业网点达 22.87 万个.［2018 - 05 - 15］. https://www. xinhuanet. com/2018 - 03/15/c_1122542256. htm.

[22] 吴小燕. ATM 保有量持续攀升 中国成全球最大的 ATM 销售市场.［2017 - 11 - 10］. https://www. qianzhan. com/analyst/detail/220/161110-ee5c52f6. html.

[23] 吴晓波，穆尔曼，黄灿，等. 华为管理变革. 北京：中信出版集团，2017.

[24] 严箴. 稳健发展 智慧升级：2016 年中国 ATM 市场述评.［2017 - 03 - 29］. http://www. financialnews. com. cn/kj/jiju/201703/t20170321_114635. html.

[25] 研究：全球 ATM 机数量 2018 年首次出现下降.［2019 - 06 - 27］. http://www. chinanews. com/gj/2019/05 - 27/8848304. shtml.

[26] 移动支付年交易额逾 200 万亿，这一行业却哭了.［2018 - 08 - 14］. https://www. ko123. com/jinrigushi/f2423. html.

[27] 银行服务渠道谋变 传统网点究竟还能咋转型. 经济日报，2016 - 01 - 23.

[28] 银行业"去柜台"加速：近 4 月逾百家社区小微支行关停.［2018 - 05 -

29］．https：//finance. qq. com/a/20180129/002308. htm.

［29］余胜海．任正非和华为：非常人 非常道．武汉：长江文艺出版社，2017.

［30］支付宝发布 2016 年全国人民账单．［2017 - 12 - 18］．http：//www. ask-ci. com/news/hlw/20170104/16240886241. shtml.

［31］智研咨询．2017 年我国金融自助设备行业市场交易规模分析．［2018 - 03 - 19］．http：//www. chyxx. com/industry/201708/552106. html.

［32］中国人民银行．2017 年支付体系运行总体情况．［2018 - 04 - 24］. http：//www. looec. cn/detail--6439628. html.

［33］中国人民银行．关于改进个人银行账户服务加强账户管理的通知．［2018 - 02 - 17］．http：//www. mpaypass. com. cn/Download/201801/03140204. html.

［34］中国人民银行．关于落实个人银行账户分类管理制度的通知．［2018 - 02 - 21］．http：//www. mpaypass. com. cn/Download/201712/19134501. html.

［35］中国人民银行．关于强化银行卡受理终端安全管理的通知．［2018 - 03 - 10］．http：//imhdfs. icbc. com. cn/userfiles/public/static/4044014756bb4856 8e1eb7a2188d700e. html.

［36］中国银行业协会．2014 年度中国银行业服务改进情况报告．2015.

［37］中国银行业协会．2017 年中国银行业服务报告．2018.

［38］中华人民共和国公安部．银行自助设备、自助银行安全防范要求．2017.

［39］中华人民共和国国家统计局．中国统计年鉴 2016．北京：中国统计出版社，2016.

［40］宗满意．ATM 机因爱情诞生：发明者为了爱妻随时能吃巧克力．［2018 - 02 - 06］．http：//news. xmnn. cn/a/xmxw/201305/t20130515_3326646. htm.

［41］邹俊．金融＋科技 银行网点迈进智能化时代．［2018 - 01 - 12］. http：//finance. china. com. cn/roll/20160428/3699749. shtml.

［42］最新报告！2018 年第三方移动支付交易规模达 190. 5 万亿．［2019 - 05 - 05］．https：//chuansongme. com/n/2939568042029.

后　记

　　笔者自 2005 年起从事渠道管理工作，全面接触了网点转型工作的各个方面，尤其是 2012 年承担团队主管职责后，统筹进行了 ATM 自助渠道建设与管理、网点布局规划研究、网点分级分类、产品下沉、效能分析、网点形象标准化建设、网点服务销售流程制订与实施、大堂经理队伍建设等工作，也主导推进了 ATM 渠道、自助通渠道、网点排队及预约管理、大堂经理服务销售管理等多个系统项目的建设与推广。回望从事了十几年的物理渠道建设管理工作，笔者在领导们的指引下，和所有的同事一起，倾注了最宝贵的年华和全部的热爱，孜孜探求其中的规律，尽全力统筹推动各项转型工作协调快速前进，也曾经为共同的目标争吵过，为战胜困难的成功欢悦过，为取得阶段性领先的成绩自豪过。

　　笔者有幸生在这个高速发展、快速变革的伟大时代，能够触摸并感觉到银行 ATM 自助渠道领域业务发展的脉搏，并进行了一些思考和研究。虽然不再有机会从事这个领域的工作，但仍希望能够将自己在 ATM 自助设备业务管理、软硬件建设、风险控制等方面收获的经验和心得，以及在整个网点转型推动工作中形成的 ATM 自助渠道对网点发展所起作用的认识总结出来，为仍在这个领域工作的朋友们提供一些参考与帮助。但笔者深感自己认知层级有限，文字更非所长，难免存在诸多疏漏与错误，还望广大读者批评指正。

　　仅以此书感谢在笔者的工作中如明灯般指引方向的领导们，感谢志同道合、努力奋斗的同事们，感谢我依靠的爱人、敬爱的父母，也权将此书当作祝贺我亲爱的女儿步入美好初中生活的最大礼物。

胡文辉

2018 年 8 月于北京

图书在版编目（CIP）数据

ATM 自助设备业务发展与管理/胡文辉著. -- 北京：中国人民大学出版社，2020.5
ISBN 978-7-300-27928-2

Ⅰ.①A… Ⅱ.①胡… Ⅲ.①自动存取款机－设备管理－研究 Ⅳ.①TH693.5

中国版本图书馆 CIP 数据核字（2020）第 026597 号

ATM 自助设备业务发展与管理
胡文辉　著
ATM Zizhu Shebei Yewu Fazhan yu Guanli

出版发行	中国人民大学出版社				
社　　址	北京中关村大街 31 号		**邮政编码**	100080	
电　　话	010 - 62511242（总编室）		010 - 62511770（质管部）		
	010 - 82501766（邮购部）		010 - 62514148（门市部）		
	010 - 62515195（发行公司）		010 - 62515275（盗版举报）		
网　　址	http://www.crup.com.cn				
经　　销	新华书店				
印　　刷	北京昌联印刷有限公司				
规　　格	165 mm×238 mm　16 开本		**版　　次**	2020 年 5 月第 1 版	
印　　张	10 插页 1		**印　　次**	2020 年 5 月第 1 次印刷	
字　　数	153 000		**定　　价**	30.00 元	